Q萌電繪！
用iPad畫出
″生動角色

마음까지 몽글몽글 아이패드 드로잉

用電繪畫出日常生活樂趣

　　曾聽過一句話：「每個人小時候都是畫家。」想當初我們所有人都會拿著畫筆自由自在地將內心世界表現出來。在那段經驗裡，並沒有所謂的正確答案和規則，只是很單純地沉迷於「畫畫」當中。

　　長大後比起自由表現，更是將焦點放在繪畫方法和技術，導致畫畫這件事變成負擔，哪怕只是畫一條線也變得慎重。因為會想著不能出錯，所以便不知不覺中與畫畫有了隔閡。

　　不過，數位繪圖卻提供了可以失誤的機會，其作畫材料不會像顏料一樣被消耗，也不用花時間抹去畫錯的痕跡，我們可以像在沙灘上塗鴉那樣輕輕地畫了又擦，直到滿意為止。除此之外，還可以輕易將完成的圖畫分享給朋友，也能把自己親手畫的圖案製作成杯子、環保袋、月曆等周邊商品，成就感更加倍！

　　畫圖是一件快樂的事，也是最易取得的工具。試著在這個總是要求正確答案的世界裡，享受繪畫世界所帶來的自由吧！這本書可作為入門上手、輕鬆作畫的嚮導，學會之後就可以盡情地在畫布上表達自己的心情。當畫出軟萌可愛的圖案時，內心深處也會跟著變得軟綿綿的！希望更多人能透過這本書體驗到繪圖的樂趣。

作者 韓承賢

自由自在的「iPad 繪圖」

大家都有在素描本上畫圖的經驗吧？我小時候很喜歡到處亂塗鴉，但只要到美術課、得在素描本上畫圖的時候，卻都感受不到樂趣。在作畫的過程中，如果不滿意，其實把那一頁撕掉就可以了，但又想著要珍惜和不浪費素描本，所以就變得很有負擔，覺得應該要從第一筆就好好畫。

水彩、蠟筆、馬克筆、粉彩筆等美術材料，雖然都是充滿特色的工具，但是拿著這些材料、攤開素描本時，有時還是讓人覺得迷茫，因為很難一開始就掌握得宜，而且要是畫得不滿意也難以修改，材料價格又不便宜，所以不太能盡情使用。這樣對初學者來說，畫圖的門檻反而又更高了。

相反地，數位繪圖有助於初學者在無負擔的心態下輕鬆作畫，接下來就向大家介紹 Procreate 繪圖的優點。

1. 可以隨意 修改和編輯

使用鉛筆作畫，如果畫錯了，不就要用橡皮擦擦掉嗎？這樣反覆擦除，在完成畫作前就會筋疲力盡了，但是在數位繪圖中，只要用兩根手指同時點擊畫面，就能回到上一步，完全不需要費力清除失誤！

相當滿意畫出來的圖案，不過想換位置時，那該怎麼做呢？若是畫在素描本上，就得全部擦掉重畫，但在數位繪圖中，只要移動位置就可以了！完成繪圖之後，位置、大小、顏色皆能自由變換。

2. 只要利用圖層就能輕鬆作畫

如果在素描本上作畫，要先用鉛筆打草稿，再用水彩上色和疊色，以此完成一幅畫，對吧？若已經在草稿上塗了水彩，就很難把先前的草稿線跡擦掉或修改。不過在數位繪圖中，只要利用圖層，就可以隨意進行更改。

圖層有如透明膠片，因為皆是分開作畫，所以修改起來相對容易。例如，先在一個圖層畫圓圈，在另一個圖層畫眼睛、鼻子和嘴巴，因為這兩者是分開的圖層，所以可以分開修改。

我認為數位繪圖的最大優勢就是「圖層」。每當我們在新圖層上畫畫時，要是不太滿意，僅針對那部分單獨重畫或修改就可以了。

如果不把圖層分開，而是在同一個圖層上繪圖，那就跟在素描本上作畫一樣，無法進行修改，所以建議多加利用圖層喔！

3. 時間場地工具都沒有限制

Procreate 內建相當多樣的筆刷，而且除了內建筆刷之外，只要上網搜尋，就能輕鬆下載其他免費筆刷。

當要用水彩或色鉛筆畫圖時，需要隨身攜帶工具出門，但若有 Procreate，一台 iPad 裡就包含許多美術工具。尤其是在旅行，想要用畫畫紀錄日常生活時，就會覺得特別好用，因為不受時間和空間的限制，隨時隨地都可以拿著 iPad 和 Apple Pencil 來繪圖！

4. 可以自由變換素描本的尺寸

一般在購買素描本時，只能選擇 4K、8K 等固定規格，而數位繪圖的其一優點就是可以自由決定尺寸，因此能得到多樣形式的作品。

不管是直式、橫式或各種尺寸的畫布都可以設定，比如說 A4、A3 等印刷品尺寸，或是 YouTube 影片、手機背景畫面等等。另外，畫面範圍可以放大、縮小，若要繪製比 13 吋 iPad 更大的圖畫也沒問題。

5. 分享繪畫作品方便又快速

在素描本上完成繪畫後，想要上傳至社群網路或委託印刷廠時，都會需要「檔案」，必須將畫好的圖數位化。還記得以前都是用素描本作畫的時期，幾乎每天都要去文具店掃描，來回一趟非常麻煩，而且掃描出來的顏色也跟原稿不太一樣，這讓我很失望。

如果打從一開始就使用數位繪圖，就可以免去數位化的過程，還能直接傳送檔案，顏色也不會相差很多，十分方便又好用！最近許多人會在社群平台分享日常漫畫、插圖，數位繪圖可以在短時間內完成作品並快速分享，是相當便利的創作工具。

基礎必備工具

1. 準備 iPad 和 Apple Pencil

要進行 iPad 繪圖，那就會需要 iPad 和 Apple Pencil！只要是能用 Apple Pencil 的 iPad，任何機型都可以，在各個尺寸和規格中挑選適合自己的 iPad 吧！但請注意 Apple Pencil 有分第 1 代和第 2 代，兩者各有相容的機型，先確認自己購買的 iPad 支援哪一種 Apple Pencil 後再購買。

Apple Pencil 第 1 代相容機型
- iPad Air（第 4 代）
- 12.9 吋 iPad Pro（第 3 代與第 4 代）
- 11 吋 iPad Pro（第 1 代與第 2 代）

Apple Pencil 第 2 代相容機型
- iPad（第 6 代、第 7 代與第 8 代）
- iPad Air（第 3 代）
- iPad mini（第 5 代）
- 12.9 吋 iPad Pro（第 1 代與第 2 代）
- 10.5 吋 iPad Pro
- 9.7 吋 iPad Pro

> tip 相符的機型、版本皆可能變動，請以Apple官網資訊為主。

2. 下載 Procreate 應用程式

請在 iPad 的 App Store 搜尋「Procreate」後下載應用程式。此程式必須付費購買,但只要付費一次,即可永久使用,之後無需額外費用。這是一款繪圖功能相當齊全的應用程式,本書便是以 Procreate 為主軸進行介紹,請提前準備。

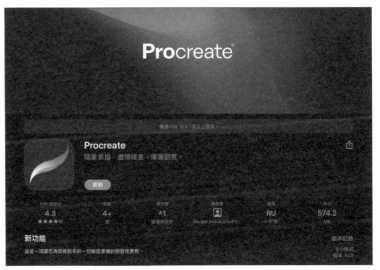

從 Chapter1 瞭解 Procreate 的主要功能開始,一起進入 iPad 繪圖的世界吧!

Contents

Chapter 1
熟悉 Procreate

Chapter 2
用基本圖形構圖，畫出 Q 萌感！

Chapter 3
掌握構圖比例，
畫出生動的人物
角色

Chapter 4
強調體型特徵，畫出可愛的動物朋友

Chapter 5
畫出每天的日常風景

Chapter 6
走到哪畫到哪！旅行繪畫記錄

Chapter 7
將畫好的圖片做更多應用

Chapter 1

/

熟悉 Procreate

用 Procreate 來完成簡單又有意思的繪圖吧！

只要掌握 Procreate 的基本功能，

對畫畫沒自信的人也能開始輕鬆地作畫。

在 Chapter 1 中，我們將學到 Procreate 的多種常用功能。

Lesson01 Procreate 的基礎認識

1. 熟悉初始畫面

在開啟 Procreate 應用程式後，首先看到的畫面叫做「作品集」。在作品集中，可以看到從過去到現在建立過的畫作，而這些畫作則被稱為「作品」。在之後的說明中，會經常提到這些用詞，請務必記下來喔！

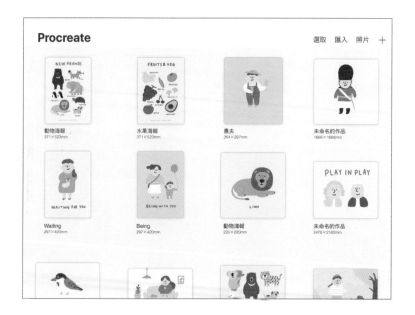

先從畫面最上端的選單逐一瞭解如何操作吧！

❶ Procreate 標誌

點擊最左邊的【Procreate】，就會跳出應用程式的詳細資訊。本書是使用 5.1.5 版本教學，隨著版本更新，系統可能會略有差異。請務必至 Apple Store 進行更新，也建議將應用程式隨時保持在最新版本。

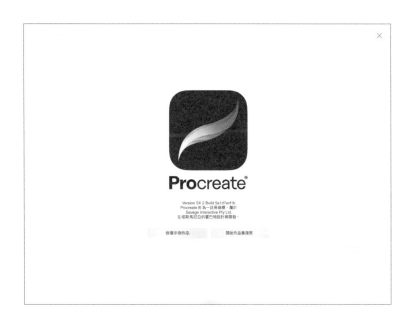

❷ 選取

點擊【選取】，就能對作品進行勾選，可以選擇一件或同時選擇多件作品。

選取作品後，可以選擇右上角的五種操作：
【堆疊】、【預覽】、【分享】、【拷貝】、【刪除】。

堆疊

將多件作品組成一個【群組】的功能。繪製作品變多時，就可以設置成群組，進行檔案管理會更方便。

- **創建群組** 選取 2 件或 2 件以上的作品並點擊堆疊，就能看見檔案層層堆疊的樣子（如下圖所示）。群組裡的第一件作品將會是群組的代表圖。
- **解除群組、移動** 長按作品並拉到左上方標題（畫面寫著「堆疊」的字）上即可，這時畫面會跳一下，並回到最外面的作品集。相反地，如果想把其他作品加到此群組，就要先長按作品，再拉到堆疊上方，這時堆疊會變藍色，隨後便進入群組，最後放開作品即完成移動。

未命名的作品
2224×1668 畫素

堆疊
5 件作品

堆疊
5 件作品

預覽

預覽顧名思義是一個可以預覽畫面的功能。如果説這功能哪裡特別，那就是能以全螢幕的大小來欣賞畫作，而且不必一件一件把作品點開確認，以滑動畫面的方式就能快速瀏覽多件作品。

分享

分享是將完成的圖畫進行傳送的功能，並且可以用各種檔案格式儲存，更詳細內容會在「Lesson 5. 調整與修改」介紹。

拷貝

選取作品後點擊【拷貝】，便會立即生成 1 件相同作品。一般我會在完成創作後、想改變顏色或位置時使用，因為這樣就可以在不破壞原檔的情況下，測試另一種繪畫方式，是個相當實用的功能。

刪除

點擊後便會刪除作品，這項操作無法撤銷，所以請慎選！

將作品重新命名

在創建新畫布時，會以預設標題「未命名的作品」命名。若
點擊這段文字，就會跳出鍵盤，此時便可輸入作品的新名
稱。更改後的標題就會是匯出作品時的檔案名稱。

❸ 匯入　　　　點擊【匯入】後，可以把圖檔從 iCloud 雲端或資料夾匯
入。建議平常可以使用 iCloud 管理檔案，這樣匯入時就
會很方便。

❹ 照片　　　　點擊【照片】就能匯入相簿裡的照片。可以匯入拍攝的
照片作為圖畫參考；有喜歡的顏色、形狀，也可以把那
些截圖帶入使用；找到合適的紙質感背景圖也可以先存
進相簿，並在繪畫時使用。

紙質感圖片

tip 利用紙質感圖片，為數位繪圖增添手繪感吧！請
掃描左側 QR 碼下載圖片並儲存於相簿，再匯入
於畫面中。

2. 創建畫布

上端欄位最右側的【＋】是建立新畫布的按鈕。選單中第一個選項是符合 iPad 螢幕大小的【螢幕尺寸】；如果另外建立自己所需的尺寸和解析度的畫布，其紀錄也都會留存在下方。

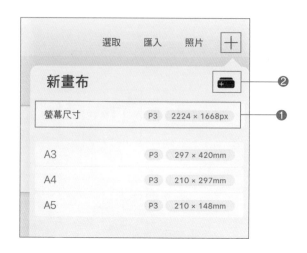

❶ 螢幕尺寸

根據 iPad 螢幕尺寸來建立畫布。以我的 iPad 為例，將會建立解析度 2224×1668px 的畫布。每個裝置的螢幕尺寸都不同，所以顯示的數字也就不一樣。

❷ 自訂畫布

點擊新畫布右側的黑色【＋】，就可以設定畫布的尺寸、解析度及顏色，試著建立專屬自己的畫布吧！

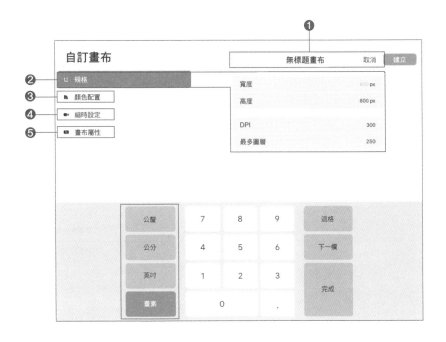

❶ 標題命名

預設名稱為「無標題畫布」，點選這段文字就可以設定畫布
名稱。完成名稱設定後，就可以在眾多畫布中一目瞭然，不
會與其他作品搞混。

❷ 規格

- **寬度與高度** 可以自訂畫布的長寬。先於左側按鈕選擇單
  位，如**公釐、公分、英吋、畫素**。依照設備規格，能設置
  的最大尺寸也不同。

- DPI DPI 指的是解析度。在製作印刷品時，一般設定為
  300dpi，而製作網頁圖像時，72dpi 就足夠使用了。

- **最多圖層** 在考量寬度、高度和 DPI 值後，能建立的最多
  圖層數量。透過上述資訊可以知道，當提高 DPI 或增大畫
  布尺寸時，最多圖層的數量就會變少。在畫布進行創作
  時，要是圖層數太少，等於是讓數位繪圖的好處消失，所
  以建議要適當地調整尺寸和解析度。一般在作畫時，我會
  設定 300dpi，但有時會遇到圖層不夠的情況，如果那幅作
  品沒有要做成印刷品，就會降低到 200dpi。

❸ 顏色配置

依照作品用途選擇色彩模式即可。

- sRGB 為 Red、Green、Blue 的字首縮寫，適用於網際網路的色彩模式。

- P3 不僅用於蘋果裝置，也用於最近大部分顯示器的色彩模式，能比 sRGB 呈現更廣的顏色。

- CMYK 為 Cyan、Magenta、Yellow、Black 的字首縮寫，適用於印刷的色彩模式。

❹ 縮時設定

Procreate 會自動將繪圖過程進行錄製，這邊就是在設定縮時品質。雖然有高解析度很不錯，但圖像容量也可能會太大，所以建議使用預設值。當想把繪圖過程特地錄製成縮時影片時，再適當地變更設定即可。

❺ 畫布屬性

這是在設定畫布背景顏色以及背景的有無。預設畫布為白色且不隱藏背景，若是選擇背景隱藏，就會出現連白色背景都沒有的透明畫布，這部分通常不會另外設定。

介紹以上操作後，就來練習建立畫布吧！A4（297×210mm）的尺寸、DPI 設定 300、顏色模式為 RGB 中的 P3，並把畫布標題訂為 A4。接著點擊【建立】便完成畫布新增，可以看到右邊會顯示畫布尺寸，如果在取名時加上 DPI 值，可以更容易區分。這樣以後即使製作相同尺寸、不同解析度的畫布，也不易搞混。

> **tip** A3：297×420mm
> A4：210×297mm
> 常見明信片尺寸：150×100mm
> 社群 Instagram 正方形照片：1080×1080px
> 本書常用尺寸：200×200mm（300dpi）

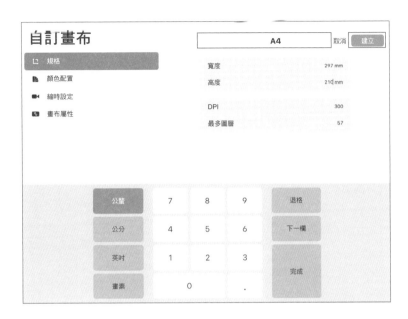

等一下！

在建立A4尺寸時，務必要確認單位是否為mm（公釐）！如果單位為px（畫素），尺寸就會相當小。

此外，建議可以預先設定經常使用的印刷品尺寸，或是在繪畫時主要使用的尺寸，這樣使用起來會更順手。我預先建立的尺寸為 A3、A4、明信片等。

如果想刪除畫布或修改畫布設定，該如何操作呢？請在那欄畫布往左滑動，就會出現【編輯／刪除】的選項。

3. 認識介面

接下來要介紹建立後會出現的畫布介面。

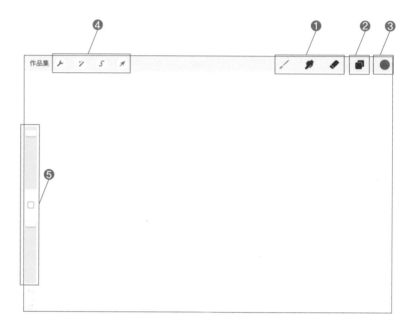

❶ **繪畫工具** 有筆刷、塗抹和橡皮擦，皆是在繪製時經常使用的工具。

❷ **圖層** 數位繪圖會在所謂的「圖層」上作畫，透過圖層才能輕鬆地進行創作和修改。

❸ **顏色** 可以選擇所需的顏色並自訂調色板。

❹ **工具** 有操作、調整、選取和移動等工具，可以輕鬆地為圖畫進行修改和編輯。

❺ **側欄** 上方滑桿　可以調整筆刷大小。
下方滑桿　可以調整筆刷透明度。
中間方形　選色滴管。
下方箭頭　還原／重做（多以手勢功能為主，較少從這裡點擊使用）。

4. 手勢功能

Procreate 特別方便的其一原因是提供了快捷的手勢功能，接下來將介紹繪圖時最常用的幾個手勢功能。

❶ 螢幕手勢

將放在螢幕上兩指分開或靠攏，就能放大或縮小畫布，而用兩指按住螢幕後轉動，就能旋轉畫布。

❷ 兩指點按
還原（復原上一步）

兩指點按是最常用的手勢功能。如果對畫出的圖案不滿意，就可以用兩隻手指輕輕「點按」來復原，而且可以連續點按進行復原。在紙上畫圖時，清除失誤其實相當費時，但在這裡只需輕點即可擦掉，是簡單又快速的一項功能！

等一下！

一旦點擊【作品集】而跳出畫布，之前繪製過程的紀錄都會消失，也就無法使用此項手勢功能，所以要特別留意喔！

❸ 三指點按
重做（回到下一步）

如果用兩隻手指點擊是「復原上一步」，那麼三隻手指點擊就是「回到下一步」。如果用兩指點擊復原後想再變回去，只要用三指輕點畫面即可。

❹ 四指點按

若用四根手指點按畫面，上端工具列就會消失於畫面中，只留下畫作並變成全螢幕。這是在想要隱藏所有工具、專注在繪圖上時可以使用的功能。

❺ 往左滑

當要在圖層、筆刷、畫布、調色板等進行複製、刪除或其他編輯時，只要往左滑動，就會跑出隱藏的按鍵。

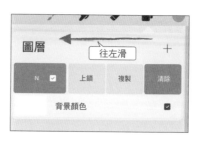

在筆刷中，如果是 Procreate 內建筆刷，就會有【重製】，而另外新建的筆刷則會是【刪除】。

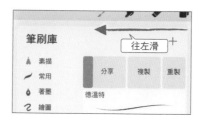
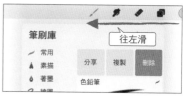

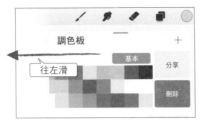 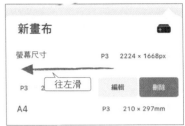

在作品集首頁，於作品縮圖上往左滑時，也會出現隱藏的按鍵。

tip 設定成只限 Pencil 可以繪畫

在使用 Appel Pencil 繪圖時，建議啟用【禁用按鍵行動】，否則可能會因為手指誤觸，而破壞已經畫好的圖案。

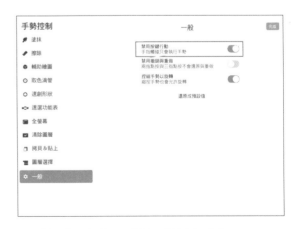

1. 於畫面上點選 🔧，再依序點擊【操作】>【偏好設定】>【手勢控制】，就會跳出設定手勢的畫面。

2. 點選【一般】>【禁用按鍵行動】。

使用 iPad 的「分割顯示」功能

iPad 有個相當方便的功能，那就是兩個應用程式並排顯示的「分割顯示」功能，讓使用者可以在繪圖時同時打開另個視窗。

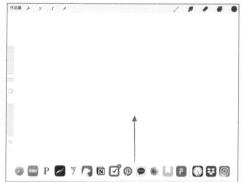

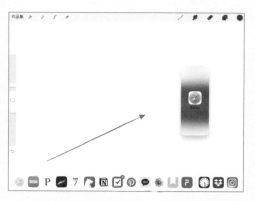

1. 在啟動 Procreate 的狀況下，從螢幕底部邊緣向上「緩緩滑動」，這時下排 Dock 會浮現。

2. 按住如 Safari 或照片等應用程式，並拖移至邊緣。

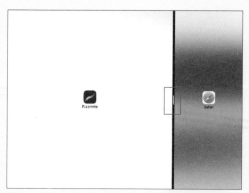

3. 這時螢幕就會自動啟用「分割顯示」功能。

4. 拖移視窗中間的滑桿可以調整畫面比例，一般我會調成 3：1 的比例。

Lesson02 繪圖工具

這個章節將會介紹畫布介面右上角的筆刷、塗抹以及橡皮擦等繪圖工具。希望大家對這些常用工具有基礎認識後，可以更熟悉 Procreate。

1. 筆刷

當在紙張上畫畫時，用力地使用鉛筆，畫出的痕跡是又深又厚，不那麼用力時，畫出的痕跡則是又薄又模糊。以同樣的道理，Apple Pencil 雖是數位產品，但卻可以像實體作畫般，偵測到對筆尖所施加的壓力，因此可以表現得相當細緻。

在點選筆刷圖標之後，可以看到各種不同的筆刷。Procreate 有許多形式的內建筆刷，像是鉛筆筆刷、粉筆質感筆刷以及顏料質感筆刷等。試著每個都按按看，找出自己喜歡的筆刷吧！雖然 Procreate 已提供多款筆刷，但如果覺得不夠，可以上網搜尋「free procreate brush」下載更多的筆刷款式。

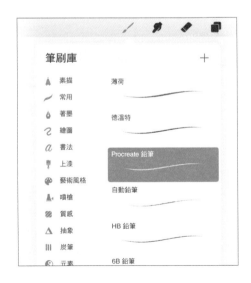

❶ 各式各樣的筆刷

乾式墨粉

【著墨】>【乾式墨粉】

乾式墨粉

乾式墨粉是本書主要使用的筆刷。其邊緣凹凸的樣子能呈現手繪感,但這種不平整的特色,也會在放大尺寸時跟著被放大,使線條看起來不俐落,所以須選用適當大小的筆刷。

畫室畫筆

畫室畫筆乍看之下很像乾式墨粉,但線條邊緣相當光滑,適合拿來畫電繪感鮮明的俐落圖案,不太會用來呈現自然手繪感。當需要把 Procreate 的圖轉成 ai 檔(Illustrator)時,就可以使用這款線條俐落的筆刷進行繪圖。

畫室畫筆

【著墨】>【畫室畫筆】

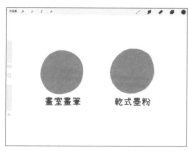
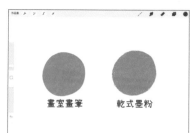

老海灘

老海灘是一款帶有水彩顏料感的筆刷,特別適合明亮色系的圖案。因為畫出來的感覺會稍微透明,所以如果一層層疊畫,顏色就會變深。實際使用水彩畫圖時,會需要許多工具,數位繪圖卻能輕易且簡單地做出水彩感,相當方便。

老海灘

【藝術風格】>【老海灘】

色鉛筆

色鉛筆

色鉛筆是一款自訂的筆刷。使用此款筆刷時，真的很像在實際使用色鉛筆上色，雖然把顏色一一塗滿是有點麻煩，但最能充分展現手繪效果。

本書主要是使用【乾式墨粉】筆刷進行繪圖，不過大家也可以把每一款筆刷都試試看，藉此找出自己最喜歡的筆刷來畫畫。在學生時期，有些筆寫起來字跡不是會特別漂亮嗎？筆刷也是一樣的喔！

色鉛筆筆刷檔案

等一下！

請掃描 QR 碼下載色鉛筆筆刷檔案。在掃描後，於 iPad 上點擊開啟檔案，Procreate 就會立即啟動，並將筆刷自動匯入筆刷庫。

❷ 更改筆刷大小 和透明度

選好筆刷後，可以由左側欄位調整大小和透明度。上方滑桿可以調整筆刷的大小，下方滑桿則是調整筆刷的透明度。

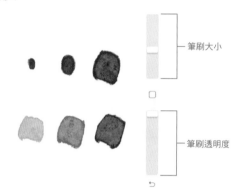

筆刷大小

筆刷透明度

等一下！

如果畫出來的顏色比原先的顏色更淺，請先確認是不是透明度欄位的問題。這是初學者經常有的失誤，請多加注意！

❸ 畫形狀

在畫圓形、三角形、四角形等圖形時，把畫筆停留在螢幕幾秒，形狀就會變得很平整（如下圖所示）。不僅是圓形，三角形、四角形以及各種圖形也都能使用此方法畫出平整的圖案。

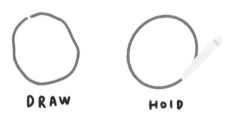

❹ 上色

上色時，當然可以用筆刷把圖案塗滿的這種方法，但在 Procreate 裡有更容易且快速的上色方法。在畫完圖形後，點選右上角的顏色圓圈，並將之拖移到圖形內後放開，這樣便完成上色。請注意，只有起點和終點相連的「封閉圖形」，才能以此方法填滿顏色。想要在圖形中填滿顏色，請把顏色拖移至圖案內；想在圖形外部填滿顏色，請把顏色拖移至圖案外。

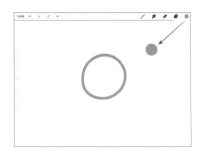

不過，遇到如乾式墨粉等筆刷，畫出的線條有縫隙時，填滿顏色的效果也會不太平整。如下圖所示，以乾式墨粉筆刷畫圓圈，在顏色填滿後還是會有些許空隙，尤其若用深色系或是手施加的力道比較輕，空隙會更加明顯。這時，只要用筆刷輕輕刷著這些縫隙就可以了。如果希望能快速填滿顏色，推薦使用線條俐落的筆刷，例如畫室畫筆。

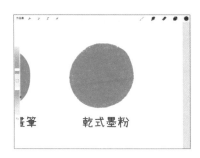

畫筆　　　　乾式墨粉

❺ 自訂筆刷

除了畫布之外，筆刷也可以自訂喔！也就是自己設定筆刷的名稱、大小以及各種數值。我有調整乾式墨粉筆刷的設定，這麼做的原因有兩個。

• 畫出粗短又有一定厚度的線條

前面說過 Apple Pencil 能偵測筆壓，對吧？在完成一幅圖畫時，如果每個細節區域的線條厚度都不同，便會減少圖畫的一致性，所以為了畫出粗短、可愛風格的插畫，將筆刷調整成不管筆壓輕重都有一定的厚度。

• 讓筆刷的尺寸符合畫布尺寸

我一般是使用 A4、A3 的畫布尺寸，而每個畫布尺寸都有相配的筆刷大小。在剛開始畫畫時，我是調整基本筆刷的尺寸來使用，但這樣就要記下適當筆刷大小的數值，不是很方便。例如「使用 A4 尺寸畫布時，最好用15%的筆刷大小」。

因此，為了確保最大和最小尺寸的寬度不會差異太大，我現在都是使用設定好的自訂筆刷，減少調整筆刷大小的麻煩。

Step 1. 複製筆刷

首先，複製乾式墨粉筆刷。在【著墨】中的【乾式墨粉】筆刷欄位往左滑，就會看到【複製】、【刪除】、【重製】。原始版本會出現【重製】字樣，但若是複製筆刷，取而代之的是【刪除】。在此為了創建自訂新筆刷，點擊【複製】。

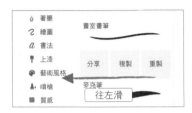 

Step 2. 筆刷工作室

點選複製的筆刷，就會出現【筆刷工作室】的頁面。在左側更改數值，就可以立刻寫在右邊的【畫圖板】上，測試更改後的筆刷。

1. 設定不受筆壓影響的相同厚度

因為 Apple Pencil 會偵測筆壓，如下圖所示，線條有厚有薄。為了表現一致性的粗短特色，我們可以依序從【Apple Pencil】＞【壓力】＞【尺寸】來調整設定。目前的設定是最高值，所以要把數值改成 0。

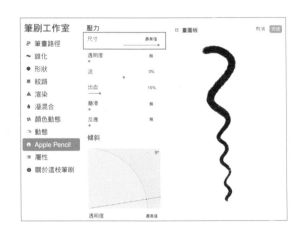

數值變更為 0 後，在畫圖板上測試看看吧！可以發現不論施加多少筆壓，畫出來線條厚度都相同，像這樣設定完成後，之後的繪圖都會更加方便！

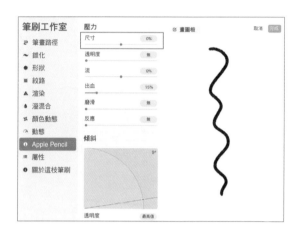

2. 減少最小／最大尺寸的差異

把原本的最大尺寸調整為20%、最小尺寸調整為10%。在減少最大尺寸和最小尺寸的差異後，後續在畫布上調整筆刷尺寸時，就不會像原先那樣有很大的變化。如同使用毛筆作畫時，都會有常用的毛筆尺寸，可以把這件事想成是在設定常用的尺寸範圍。

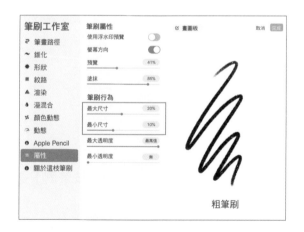

以上的數值調整，是我在畫一般圖案時所使用，而當我想呈現細薄的細節時，就會將筆刷調整為最大尺寸是 10%、最小尺寸是5%。隨著每種 iPad 機型的不同，尺寸差異都會不一樣，試著找出適合自己的尺寸數值吧！

3. 讓線條變得平滑

最後告訴大家一個相當實用的自訂模式，可以從【筆畫路徑】中把【流線】的數值調高一點，這樣畫出來的線條就會平滑又柔和，但如果調到100%，反而會顯得過於刻意。建議一邊測試一邊尋找畫得順手的數值，我自己是調 40%左右。

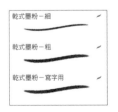

在下方的【關於這枝筆刷】選項，可以為創建筆刷更改名稱。我主要使用的乾式墨粉筆刷有三種，分別是**粗／細／寫字用**。不同之處在於，我大幅地調高寫字用筆刷的流線數值，在寫字時能呈現更柔和的感覺。這邊也是建議大家邊畫邊調整數值，找出適合自己的筆刷厚度吧！

2. 塗抹、橡皮擦

作品集 ✎ ✐ ∫ ↗   ✐ ✐ ✐ ▣ ●

❶ 塗抹

在筆刷旁邊、像是手指形狀的圖標就是塗抹功能，基本上我畫的都是界線分明的圖案，所以幾乎不會使用到此功能。塗抹功能要實際用手指塗抹來操作，但因為前面我們已經勾選了【禁用按鍵行動】，所以手指觸碰螢幕並不會觸發動作。若想要使用此功能，就要取消勾選。

❷ 橡皮擦

可以使用橡皮擦把畫好的圖案擦掉。一般會使用兩指點按的方式，回到上一步來清除繪圖失誤，因此橡皮擦並不是常用功能，但在額外修改細節時仍會使用。若要用橡皮擦進行細修，推薦選擇與筆刷相同的形狀，這樣修改痕跡會比較自然。

不論是筆刷、塗抹還是橡皮擦，點選後都會顯示為藍色（啟用狀態），而在此情況下再點選一次，就會跳出小視窗，出現更進一步的多種選項。

圖層應用

1. 什麼是圖層？

即使是初學者，也能輕鬆上手電繪的原因之一，就是因為有「圖層」。只要使用圖層，就可以盡情地修改和編輯圖畫。好好運用電繪的圖層優勢，不論是新手或老手都能輕鬆又有趣地畫畫！

我們可以把圖層當作看不見的透明膠片，然後把透明膠片按照順序層層堆疊，所以最上方的圖層就會是我們最先看到的圖。當我們在繪製時，就是在好幾個透明膠片上作畫，最後全部結合起來而得到一幅完整的圖畫。

看起來像一個圖層　　　　事實上有三層！

下方是兩幅相同的圖。左圖是分好幾個圖層所畫，右圖則是畫在同一圖層上。兩者呈現的繪畫結果一樣，那到底有什麼差別呢？

❸ 可以隨意 更改位置和大小

每次畫完圖都會有覺得可惜的地方吧？比如說，「眼睛、鼻子和嘴巴都稍微靠左一點就好了」、「眼睛再大一點就好了」等。在紙本上作畫時，就得擦掉重畫，但如果是分開圖層來畫，這樣移動位置或調整大小就會變得相當容易！

❹ 可以隨意 更改顏色

除了改變位置和大小之外，還可以改變顏色！要是在紙上繪圖，畫錯了就得把失誤擦掉，並重新幫水彩調色後再畫一次，但是如果有圖層，就可以快速又輕鬆地更改顏色，提高畫作的完整度。

❺ 可以隨意 更改圖層位置

可以隨時改變圖層的順序，更自由地繪圖。

**❻ 圖層可以隨意
   隱藏、複製或刪除**

如果取消圖層右側的方框勾選，就能讓該圖層的圖畫暫時不顯示。簡單來說，就是把它暫時關掉。

在圖層上往左滑，會出現【上鎖】、【複製】、【刪除】。在需要反覆規律的圖案時，會使用複製圖層功能；點擊刪除時，該圖層和圖層中的圖就會一起刪除。

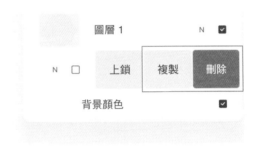

2. 圖層的使用方式

點選畫布介面右上角、兩個方形相疊的圖標時，就會開啟圖層視窗。

❶ 建立圖層

點擊圖層視窗的加號【＋】，便能新增圖層。請注意，在一開始設置畫布尺寸時，就已決定最多圖層數，所以圖層不能無限地新增。

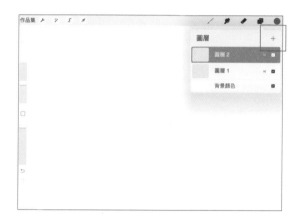

背景顏色圖層

最底下的【背景顏色】圖層是畫布的背景顏色，預設為白色，可點擊更改顏色。此圖層無法刪除，但可以關閉、不顯示。在取消勾選時，畫面會變成網格狀，表示透明背景，也就是説此時在畫布中畫圖，會是沒有背景的透明圖像。

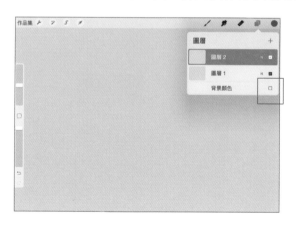

❷ 更改圖層順序

請於三個不同圖層上自由地繪圖,並讓它們疊一起。在此視窗最上方的圖層,就是畫布上最先看到的圖案,如下圖所示,圖層順序在最上面的黃色三角形,就會是畫布上會最先看到的圖案。

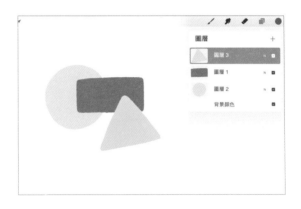

如果要更改順序,可以長按圖層,並把圖層拖移到需要的位置。

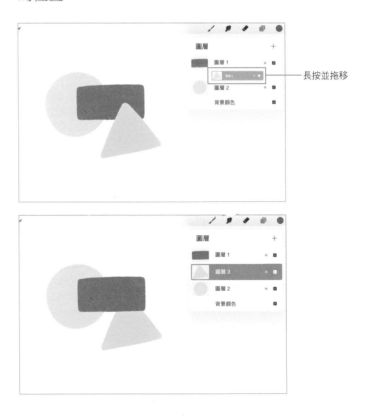

長按並拖移

❸ 圖層的多種功能

點擊圖層縮圖時，左側會彈出多種功能的視窗，其中最常使用的是【拷貝】和【剪切遮罩】。

拷貝

點擊【拷貝】後，再點擊【操作】、【貼上】，就會生成一個複製圖層。

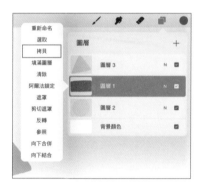 

剪切遮罩

點擊【剪切遮罩】後，此圖層就會被限縮到下方圖層的範圍內，有點像在遮罩上裁一個洞。舉例來說，開啟四角形圖層的剪切遮罩後，超過下方圓形圖層的部分就會被隱藏，無論上色、繪圖都只能在範圍內，是一項極為方便的功能！

 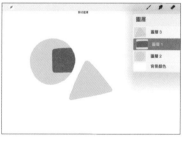

❹ 透明度與混合模式

透明度

點擊勾選欄左側的【N】，下方會出現調整透明度的滑桿。

混合模式

點擊【N】時，也會出現混合模式的列表。如字面所説，是把圖相互混合在一起的功能。一般會是「普通（Normal）」模式，那個「N」就是 Normal 的字首。若在有兩個以上圖層時更改模式，顏色就會被合成，例如在紙質感畫布上畫圖時，改變模式就能將紙的質感充分表現。

插入先前下載的紙質圖檔（參閱 p.21），並把紙質圖檔放在圖層最上方，改為「色彩增值（Multiply）」模式，再調整透明度，這樣便會呈現出紙和筆刷混合後的結果。

❺ 圖層分組

當有很多圖層堆疊時，先點選一個圖層，再將剩下的圖層往右滑，就能讓多個圖層被選擇，此時點擊右上角的【群組】鍵，選擇的圖層將會被綁成群組。點擊向下鍵【ⴸ】，群組會摺疊起來，像這樣分組的好處是容易整理歸納，且若要一次性移動或刪除也都很方便。

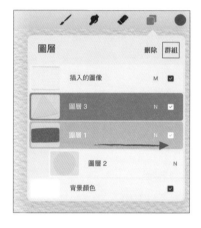 

❻ 圖層扁平化

合併圖層能省下圖層數。以下有兩種合併圖層的方法，圖層一旦合併，就不能再拆開，所以請慎選。

點擊群組後點選「扁平化」。

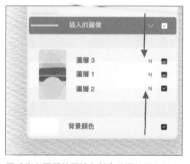

用手指在圖層的開始和結束位置按壓住並合併（合併的圖層數量沒有限制，只要兩根手指可碰觸的範圍都可進行合併）。

Lesson04 認識顏色

1. 世界上數不清的顏色

一般想到顏色時，可能只會想到小時候使用的十二色蠟筆，那些以原色為主的顏色。我們平常會說「這是紅色」、「那是橘色」，但這些都只是名稱，事實上顏色種類數不清。如果請大家「畫一顆紅蘋果」，你會選什麼顏色呢？多數人腦中浮現的應該都是最鮮豔的紅色，但是如下方圖示，紅色有非常多種。女性們在購買口紅時，應該都有聽過「世界上沒有一樣的紅色」這句話吧！當然其他顏色也是如此。

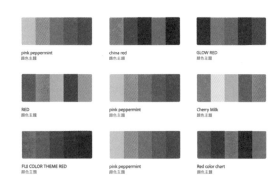

出處：color.adobe.com

顏色決定了圖畫帶來的印象。欣賞畫作時，在更仔細觀察畫中細節之前，就能感受畫風是溫暖或是冰冷，這便是從顏色中得到的感覺。如果想畫出一幅溫暖的畫，可以選擇暖色系；如果想畫出一幅冰冷的畫，則選擇黑白或冷色系。以下我們就來瞭解，決定顏色是溫暖或冰冷的三個標準。

顏色有三種屬性，分別為色相、飽和度與亮度。色相是指「紅橙黃綠藍靛紫」等特定顏色；飽和度是指顏色的鮮豔程度；亮度就如字面意思，越亮就越白，越暗就越黑。這三種顏色屬性便會組合出一種顏色。

- **色相**：如「紅橙黃綠藍靛紫」一樣的特定顏色，但在這七種顏色之間還有數以萬計的顏色。

- **飽和度**：顏色的鮮豔程度。飽和度越高，顏色就越強；飽和度越低，顏色就越呈現灰階色調。

- **亮度**：顏色的明暗程度。顏色越亮，白色混得越多；顏色越暗，就會顯得越黑。

iPad 繪圖不像色鉛筆、彩色筆或蠟筆那樣容易決定顏色，我們得自己在多色調色板中挑選，再反覆嘗試。要是選了從未使用過的顏色，畫出來可能莫名顯黑或灰暗，也不一定符合想像中的色彩。希望大家可以藉由這本書，接觸和認識各種顏色！

2. 挑選色彩

❶ 選擇顏色的四個模式

點擊畫布介面右上方的圓圈標誌，此處可以選擇顏色。在彈跳出來的顏色視窗中，最下方有分五個標籤頁，分別是【色圈】、【經典】、【調和】、【參數】這四個模式，與【調色板】。以下是在同一個顏色之下，四個不同模式所呈現的畫面。

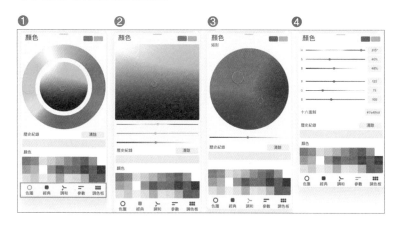

❶ 色圈
在色圈模式下可以一眼看到各種顏色。先在外圈選擇顏色後，再從內圈中選擇飽和度和亮度。

❷ 經典
在經典模式下，表現方式不是圓形，而是四角形。下方滑桿可以選擇色相後，再選擇飽和度和亮度。因為可於大範圍內選擇顏色，看著會比圓圈更方便使用，所以我主要都是使用【經典】模式。

❸ 調和
調和模式是提供所選顏色的互補色（對立顏色）的模式。

51

❹ 參數

在參數模式下，可以透過詳細數值確認顏色的組成。H、S、B 是前面提到的色相（Hue）、飽和度（Saturation）、亮度（Brightness）。RGB 顯示著顏色中含 Red、Green、Blue 的值。這邊會藉由變更 H、S、B 的數值來決定顏色。滑桿右側可以輸入數字，所以要是遇到滑桿難以對準的精細數值時，直接輸入數字即可。

❺ 調色板

【調色板】有如水彩的調色板，可以收錄常用顏色。點擊右上角【＋】後，再按【建立新的調色板】，就會新增空的調色板，若往左滑就會出現【刪除】、【複製】、【分享】的操作鍵。只要選好顏色後，並點在空格上，即可新增調色板的顏色，大家也建立一個用自己喜歡顏色填滿的調色板吧！

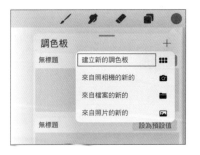 

調色盤中的顏色位置也可以透過拖移輕鬆更換。另外長按顏色，也會跑出刪除鍵。

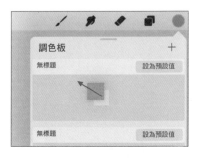 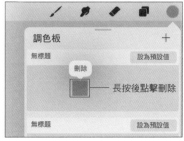

3. 蒐集顏色

❶ 我的獨家調色板

我會把常用的幾個顏色收錄到調色板上使用，例如多種膚色、好運用的背景顏色等等。我覺得選擇顏色太困難，所以只要發現很棒的顏色，就會收集在自訂調色板中，建議大家也可以這樣蒐集顏色，若有修改飽和度或亮度，同樣儲存於調色板中即可。

我把書中常用顏色製作成調色板。為了方便各位辨認，標上了號碼，之後練習畫圖時都可以參考號碼作畫，當然也可以依照喜好使用自己喜歡的顏色喔！

調色板可以掃描左邊的 QR 碼後下載。下載完成後，點擊檔案，就會立即開啟 Procreate 程式，並看到調色板已匯入其中。

作者獨家調色板

點擊調色板上的【設為預設值】，這樣不論在哪種模式下，都會最先使用到該調色板。大家也可以試試看去調整色相、飽和度及亮度，或是刪除和添加其他顏色，藉此調配出專屬自己的調色板！

❷ 由照片帶入顏色

Procreate 系統已更新到 5X，出現了從照片獲取顏色的方法。點選【**來自照片的新的**】，選一張想獲取顏色的照片，這時 Procreate 會吸取照片中的顏色，並且自動生成一組調色板。

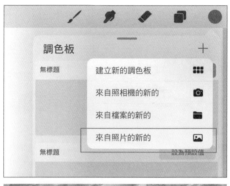

出處：Procreate 官網

tip **吸取顏色**

繪圖過程中可以直接選擇畫面上的顏色。試著用手指按壓圖案約 2 秒，這樣就不需另外找顏色，而是直接取用畫面中的顏色喔！

4. 快速換色

電繪有個優勢，就是能夠輕鬆地更換顏色。即使是已經畫好的圖案，也都可以隨意更改，以下將會介紹兩種改變顏色的方法。

❶ 用滑桿調整顏色

點選想改變顏色的圖層，再點擊左上角第二個圖標【調整】中的【色相、飽和度、亮度】，並點擊圖層選項。

這時在畫布介面下方會出現三個滑桿，分別為「色相」、「飽和度」及「亮度」。移動滑桿可以調整數值，而且可以立即看到顏色變化。當有以下兩種狀況，我會使用到這個方法：

> 等一下！

> 如果不同顏色的圖形在同一個圖層裡，在使用此方法時，改變顏色會互相影響，所以畫圖時記得要分開圖層喔！

想要快速測試多種顏色的時候： 調整色相滑桿，便能確認許多不同的顏色，非常方便。

想要細調顏色的時候： 例如想把皮膚顏色調得稍微亮一點，或是想稍微降低飽和度。此方式可以快速地修正，不需要另外選定顏色再次塗色。

要從色圈上果斷地挑出一種顏色，似乎挺困難的，但如果是用滑桿修改，可以一邊確認各種光譜的顏色，還能一邊嘗試多樣的顏色。

❷ 直接選擇
調色板上的顏色

點選想改變顏色的圖層（咖啡色頭髮圖層）的狀態下，拖移新的顏色（橘色）至頭髮上，這樣顏色就會更換。

有些筆刷因為有縫隙，所以顏色會塗得不完整。如果發生這種情況，可以套用新顏色後，用筆刷稍微塗過顏色不均的地方。

---

tip 熟悉「色相、飽和度、亮度」

請試著將兩個不同顏色的圖案，利用色相、飽和度及亮度的滑桿，把其中一個顏色調成另一個顏色。例如，先用綠色和粉紅色畫出圓形，接著把粉紅色圓形調成綠色圓形。在此過程中就會更熟悉顏色的屬性。

 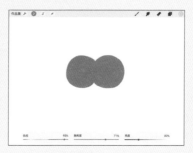

1. 在不同圖層上繪製不同顏色的圓形，然後一部分重疊。

2. 選擇其一圖層，並調整色相、飽和度及亮度的滑桿，讓兩個圓形的顏色相同。

[Lesson05] 調整與修改

左上角的四個按鍵可以協助修改和編輯圖畫,接下來會從多種功能中,挑選出常用的工具來介紹。

1. 操作

第一個圖標是【操作】,其中有【添加】、【畫布】、【分享】、【影片】及【偏好設定】等選項。

❶ 添加

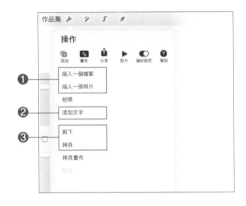

❶ 插入檔案 ／照片　可以直接把照片或圖像匯入畫布。經常會使用【插入一張照片】,把參考照片匯入後,以此輔助繪圖。

❷ 添加文字　從 Procreate 5X 版本開始有了輸入文字的功能。關於添加文字功能,會在 Chapter 6 的「Lesson 4. 歐洲的街頭藝人」詳細介紹。

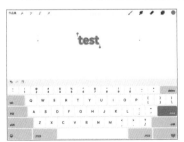

❸ 剪下、 拷貝　可以對圖層或選擇的圖案進行剪下和拷貝。

❷ 畫布

❶ 裁切與
重新調整
大小

此功能可以變更畫布尺寸。除了用手指拖動各個邊角來縮放之外，也可以點擊上方的【設定】輸入數值來修改。

❷ 動畫輔助

可以用 Procreate 製作簡單動畫。關於動畫輔助功能，會在 Chapter 7 的「Lesson 4. 製作動態貼圖」詳細介紹。

❸ 繪圖
參考線

啟動繪圖參考線後畫面上會出現網格輔助線，其網格大小可於下一個選項【編輯繪圖參考線】調整。

④ 參照　　　　　啟動參照功能時，畫布上會彈出小視窗。如果選擇【圖像】，可以匯入照片，這樣就能一邊參考小視窗，一邊進行繪製。如果選擇【畫布】，就能在畫大尺寸的圖像時，用小視窗預覽整體畫面。拖動視窗上端中央處，即可改變視窗位置；拖動視窗的邊角，則可改變視窗大小。

③ 分享　　　　　可將完成圖畫匯出的功能，主要會選擇【分享圖像】類別的檔案格式。

- Procreate　是在 Procreate 上建立的原始檔案。不管圖層或縮時設定，都完整保留。由於除了 Procreate 之外，其他應用程式都無法開啟，所以只會在備份時以此格式匯出。

- PSD　PSD 是 photoshop 檔案格式。匯出成 PSD 後，可以在 photoshop 程式中開啟，而且建立的圖層都有保留，所以可以自由地進行編輯和修改。

- JPEG, PNG　這是最常用的圖像格式，在相簿或電腦上看到的圖片絕大部分都是 JPEG、PNG 檔。若以這兩種格式將作品匯出，不需要有特別的應用程式，任何人都可以開啟瀏覽。若要比較兩者差異，那就是 JPEG 會壓縮圖像，所以檔案容量較小，而 PNG 則會在匯出時偵測到透明度而能呈無背景狀態。

- 其他　如果在 Procreate 上製作了簡單動畫，能以影片或動畫 GIF 的格式匯出。

❹ 影片

點擊【縮時重播】，就能看見從開始至結束的繪圖過程，此影片也可以匯出分享。

❺ 偏好設定

❶ **亮色介面**　可以選擇畫面要淺色或深色的介面。

❷ **手勢控制**　可以自訂基本手勢。

2. 調整

第二個圖標是【調整】，其中最常用的就是在「Lesson 4.快速換色」中介紹的【色相、飽和度、亮度】。在點選調整後，有【圖層】、【Pencil】兩個選項，而常用的會是【圖層】。在調整工具裡，可以給圖層套用不同的色彩效果，不過需注意的是，這只適用於所選的「圖層」，並不適用於「圖層群組」。

❶ 梯度映射

在 Procreate 更新到 5X 之後，「梯度映射」便是新增的有趣功能之一。點擊【調整】中的【梯度映射】，就能在圖畫上套用各式各樣色系。

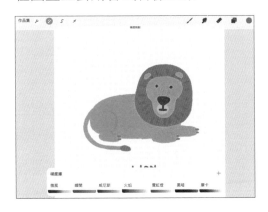

❷ 色差

點擊【色差】，就會將圖像分出 RGB 顏色顯示，進而產生更有趣的效果。

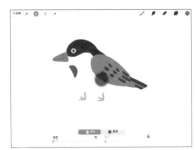 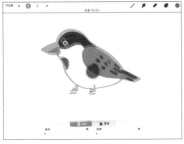

3. 選取與移動

電繪可以自由地對圖畫的大小和位置進行移動或改變，所以即使是初學者也能輕鬆完成圖畫！第三、四個圖標分別是【選取】、【移動】，是經常一起使用的套裝功能。大多會先用【選取】選擇想要的區域後，接著用【移動】調整大小、角度或位置。

❶【選取】：徒手畫

點擊【選取】工具後，再點選下方欄的【徒手畫】，就可以自由地選取想要的區域。這是選取區域時最常用的方式，也可以使用內建提供的長方形和橢圓形來選取。

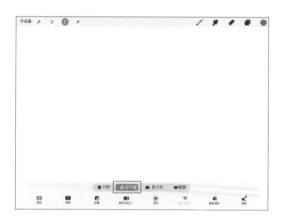

例如，如果想要修改同一個圖層裡的一小部分，便可以使用此功能。下圖為利用【徒手畫】工具選取嘴巴部位。

❷【移動】：更改大小和角度

更改大小

這裡有一張少女的臉，以這女孩的臉和五官的比例上來說，臉稍微大了一點。在此情形之下，臉可以不用重畫，利用縮小尺寸就能解決！當然，這也要眼睛、鼻子、嘴巴跟臉是畫在不同圖層才可以順利修改。

在選擇臉蛋圖層的狀態下，點擊【移動】 並選取臉蛋範圍，這時會自動地沿著臉部形狀產生方框。當出現邊框時，就可以移動、旋轉或更改大小。

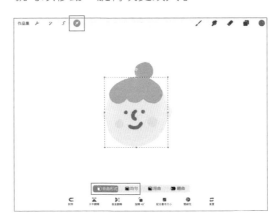

先試試更改尺寸吧？用手指拖移錨點即可更改尺寸。如果是【均勻】模式，尺寸會依相同比例改變；如果是【自由形式】狀態，尺寸不會依比例改變，可以隨意地調整。如果想讓臉瘦一些，應該要換成【自由形式】，在【自由形式】模式之下，拖移錨點和邊線都能自由修改形狀。

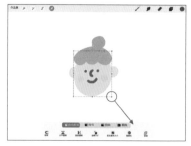 

更改角度

在有方框的編輯狀態下，選擇綠色控點，即可改變角度。下方的黃色控點則可以變更旋轉的中心軸。

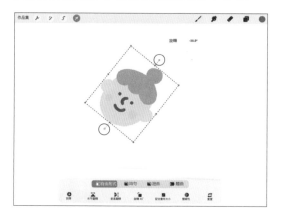

也可以點擊水平翻轉、垂直翻轉來修改圖案。

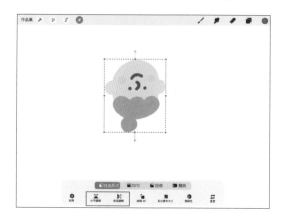

❸ 【移動】：移動位置

在有方框的狀態下可以隨意地移動，如下圖中的頭髮可以調整至想要的位置。如果善用【移動】工具和【選取】工具，繪圖或修改都會輕鬆便利許多。

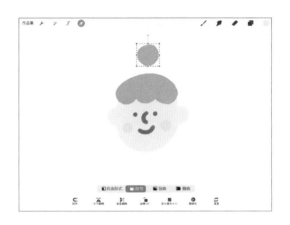

不小心畫得太大時，只要縮小就可以了；畫完後不滿意圖案的位置時，只要移動位置就可以了。好好利用【選取】工具和【移動】工具來繪圖，就能輕鬆完成畫作。

tip 建議把【對齊】功能關掉喔！

・**磁性**：用於想在畫布中央放置圖畫時，也用於想跟其他圖對齊時。

・**對齊**：協助圖與圖像磁鐵一樣「啪！」緊貼在一起。如果在繪圖或修改時，【對齊】是開啟的，那麼修改時會被輔助線干擾，所以建議繪圖時可以關掉此功能！

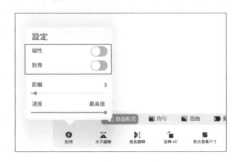

Chapter 2

/

用基本圖形構圖，
畫出 Q 萌感！

只要會畫出圓形、三角形和四角形，
就能完成各式各樣的圖案喔！
在 Chapter 2 裡，要先帶大家練習這些基本圖形，
再以這些圖形作為基礎來畫出可愛圖案。

Lesson01　熟悉基本圖形的畫法

在這本書裡，會以圓形、三角形和四角形等基本圖形完成繪製。對於畫圖形還不夠熟悉的人，建議充分地練習。一開始可能不容易，但請不要著急，試著一邊練習一邊領會畫畫的樂趣吧！

1. 圓形

圓形是在畫人物或動物的臉部時，會經常使用的圖形，而在畫複雜的曲線圖形之前，若先用圓形畫出輔助線來構圖，就會更容易抓到整體的比例。

試著練習畫出各種大小的圓形，而且要多畫幾次，直到變得很熟練才行。另外，也觀察看看自己在畫圓時，是逆時鐘方向或順時鐘方向比較順手。

此外，也試著畫出扁長、歪斜的各種圓形吧！請反覆練習，直到畫出滿意的形狀為止。對於基本圖形的掌握度越高，越有助於進一步熟悉繪圖技巧喔！

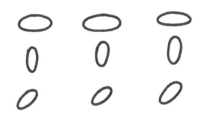

2. 四角形

世界上四四方方的東西有很多，像是汽車、椅子、背包等，所以很常會用四角形來表現各種物品。

在開始畫四角形之前，請先練習畫線吧！不一定要畫得筆直，因為電繪可以輕易地調整角度。充分練習畫線之後，要畫四角形和三角形都會變得相當簡單。橫線、直線、斜線、短線和長線，甚至疊一起的粗線……試著練習畫出不同類型的線條吧！

【畫線】

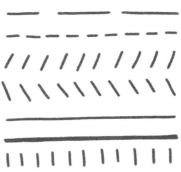

如果已經做足了練習，那麼接下來就是練習畫四角形。練習時，同樣也要畫出小四角形、中四角形、大四角形等各種大小。

【畫圓角矩形】

一開始要下筆畫出圓角矩形並不容易，讓我們一起跟著下列步驟，慢慢開始畫看看吧！

1）連接圓圈的方式

1. 畫出四個輔助圓形。

2. 新增【圖層】，用線條把每個圓圈連接。

可以想成是要再畫圓圈的 1/4 塊。

3. 再畫出 1/4 的圓，並將四個邊線連接。

4. 刪除輔助圓形，即完成圓角矩形。

2）把角削圓的方式

1. 畫出四角形的輔助圖形。

2. 把四個角削成圓形。

3. 畫出線條把四個角連接起來。

4. 刪除輔助圖形，即完成圓角矩形。

挑選一個喜歡的方法，一起來練習畫出圓角矩形吧！

此外，也試著畫出扁長、歪斜的四角形吧！四角形跟能一筆完成的圓形不同，在繪製四角形時，需轉換方向，而且還有四個邊角，因此可能會比畫圓更困難，但是經常練習就會越容易，請一邊畫畫一邊享受過程吧！

3. 三角形

從小三角形到大三角形，試著畫出各式各樣的大小。當練習到能把正三角形畫好之後，接下來請練習畫出扁平三角形、長三角形以及傾斜三角形。

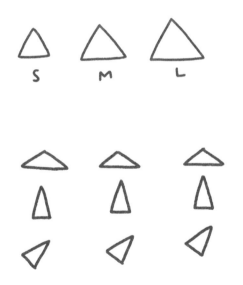

Lesson02 練習以圓形構圖

讓我們一起在畫布上利用圓形，
畫出少年的臉、水果、樹樁和烏克麗麗吧！

尺寸 A4（可以自訂）

解析度 300dpi（若圖層數不夠，可以調低）

1. 戴帽子的少年

色卡： 22 10 05

1

首先打草稿，從 QR 碼提供的調色板
裡，選擇淡粉紅色，畫一個大圓圈。

2

在大圓圈的上緣畫出三個小圓圈。小
圓圈是輔助用，讓待會在畫瀏海時，
可以更容易。

3

點擊【圖層】＞【＋】新增圖層，讓
草稿和上色的圖層分開。

4

在新圖層上，將大圓圈填滿顏色，並
畫出曲線漂亮的圓形。

5

新增【圖層】，用黑色畫瀏海。如果
草圖被遮住，可以長按草稿圖層，將
圖層移至臉蛋上方。在畫瀏海時，像
是畫波浪一樣把小圓連接，頭頂則是
用曲線連接。

6

把黑色拖移至瀏海線條內後放開，顏
色就會被填滿。要是邊緣處沒有上
色，再另用筆刷塗滿。完成後刪除草
稿圖層。

7

瀏海和臉蛋是不同圖層，所以若是不滿意位置，也能輕鬆調整。選擇瀏海圖層後，選擇【移動】工具，把瀏海移至適當位置。

8

為了快速選擇跟臉蛋相同的顏色，在臉蛋上長按超過一秒來吸取顏色。

9

新增【圖層】，在臉蛋的兩側各畫一個小圓，表現耳朵。

10

新增【圖層】，畫眼睛、鼻子和嘴巴。先定好兩隻眼睛的位置後，再依序畫鼻子和嘴巴。

11

新增【圖層】，在頭頂處畫一條斜線，表現帽子的帽簷。

12

接著畫出扁平的半圓，並填滿顏色。

13

因為是分開圖層作畫，所以可以自由
地改變位置、大小和顏色。像是要把
帽子改成綠色，就可以拖移綠色到帽
子上。如果顏色上得不完整，再用筆
刷修整。

14

戴帽子的少年即完成。

15

為了在同一畫布上，畫下不同的圖，
建議把圖層建立群組後先移至旁邊，
或把右側勾選取消，暫時隱藏。

2. 水果和荷包蛋

色卡： 23 12 29 05

1

首先打草稿，畫藍莓和蘋果的圓形，再畫荷包蛋的大圓和小圓，並把這兩個圓連接。注意外側要凸，內側要凹，畫出自然曲線。

2

新增【圖層】，用象牙白色畫荷包蛋的蛋白部分並上色。

3

新增【圖層】，用黃色畫蛋黃。如果不滿意蛋黃的位置，可以利用【移動】工具調整。

4

新增【圖層】，用紫色畫藍莓並上色。紫色沒有在提供的調色板裡，所以到色圈中挑選喜歡的紫色吧！

5

長按藍莓超過一秒來吸取顏色，接著選擇同色系中，稍微深一點的紫色。

 運用深一點的同色系來畫線條的方法，之後會經常使用！

6

在兩個藍莓上分別畫出十字的蒂頭。

7

新增【圖層】，用紅色畫出蘋果並塗滿顏色。

8

新增【圖層】，用綠色畫出蘋果蒂頭。完成後，刪除草稿圖層。

9

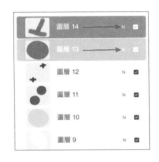

為了把整顆蘋果的角度調得斜一點，這時只要在【圖層】上往右輕滑，就能同時選取蘋果和蒂頭兩個圖層。

10

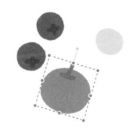

選取所有蘋果圖層後，利用綠色控點調整蘋果的角度，讓蘋果傾斜。

11

水果和荷包蛋即完成。這裡也將所有圖層組成群組。

3. 樹樁

色卡： 26 23 24

1

首先打草稿，畫出樹幹的斷面、尖銳的根部、側邊的樹枝。

2

新增【圖層】，用淺褐色描出線條並上色。由於乾式墨粉筆刷的特性，沒有上到色的地方，需要再次用筆刷塗色修整。

3

新增【圖層】，用象牙白色畫出樹幹斷面內部。

4

新增【圖層】，用米色畫年輪。

5

點選比木頭稍微深一點的顏色，在樹幹外圍添加條線。

6

樹樁即完成。這裡也將所有圖層組成群組。

4. 烏克麗麗

色卡： 02 10 23

1

首先打草稿，畫出三個不同大小的橢圓形。

2

將第一、二個圓用內凹的曲線連接；第二、三個圓則以橫線連接。

3

新增【圖層】，用橘色畫出烏克麗麗的琴身並上色。

4

新增【圖層】，在烏克麗麗上畫一個黑色的圓，其位置稍微偏右。

5

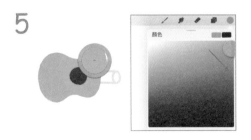

長按吸取烏克麗麗的橘色，並選擇稍微深一點的橘色。

6

新增【圖層】，用橘色畫出烏克麗麗的琴頸並在末端畫梯形。

7

將琴頸上色並把圖層移至黑色圓圈下面。適當調整烏克麗麗的琴身、黑色圓圈和琴頸的位置,三者呈一直線。

8

使用比琴頸深一點的顏色,畫一條線和四個小圓點。

9

新增【圖層】,用象牙白色畫出一個又長又扁的線條。

10

新增【圖層】,用象牙白色畫出四條琴弦。

11

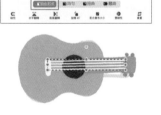

使用【移動】工具,用【自由形式】調整線條大小和位置。

12

刪除草稿圖層後,將所有圖層組成群組。這時可以隨意地改變大小、位置或形狀,使圖案變得更完整。

13

選取群組後，點擊【選取】工具，利用綠色控點旋轉 45 度。

14

烏克麗麗即完成。

15

把畫好的圖案都調成差不多的大小並放在一起，就完成了一幅完整作品！

Lesson03 練習以四角形構圖

在這個章節中，我們要利用四角形畫出
露營背包、露營車、尋寶圖和手提燈。

尺寸 A4（可以自訂）

解析度 300dpi（若圖層數不夠，可以調低）

1. 露營背包

色卡： 14 16 20 18

1

首先打草稿，畫出如圖中各種不同大小的四方形。

2

在四個角的內側繪製四條曲線，以利畫出圓角矩形。

3

把內側的四條曲線連接，畫成圓角矩形並上色。

4

背包的兩側也畫上圓角矩形。

5

新增【圖層】，用深一點的藍色，按照草圖畫出背包、口袋的線條。

6

新增【圖層】，用深藍色畫出背包扣帶，用白色畫出固定扣。

7

新增【圖層】，用亮灰色畫出圓角矩形後上色，完成睡袋部分。

8

新增【圖層】，用深一點的亮灰色，畫出豎著的固定繩。

9

再次選擇睡袋的圖層，把兩邊凸出去的部分畫得圓圓的。

10

刪除草稿圖層後，露營背包即完成。

11

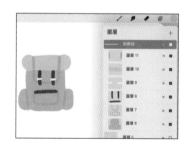

選取全部圖層，組成群組。

2. 露營車

色卡： 03　23　18　10　12

1

首先打草稿，畫出車子、車窗、輪子
和車門的輪廓。

2

新增【圖層】，在四個角的內側繪製
四條曲線，以利畫出圓角矩形。

3

把曲線連接並填滿顏色。

4

把草稿圖層移至綠色四角形上方，並
把透明度調低。點選圖層時，會有
【透明度】選項，調至稍微看得到的
程度即可。

5

新增【圖層】，用象牙白色畫出露營
車的上端，面積要超過底下的綠色四
角形。畫得粗糙也沒關係，但和綠色
的接觸面要修整齊。

6
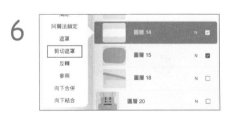

接著在此圖層上，套用【剪切遮罩】
功能。

7

暫時關閉草稿圖層，確認象牙白色圖層是否完全放進綠色四角形裡。

8

開啟草稿圖層並新增【圖層】，用亮灰色畫窗戶，且在此圖層同樣套用【剪切遮罩】，讓窗戶圖層放進綠色四角形裡。

9

使用橡皮擦把亮灰色窗戶分成三等分，建議用跟筆刷一樣的形狀。

10

用橡皮擦削圓窗戶的每個角，形成圓角的窗戶。

11

把草稿圖層放到後面，再新增【圖層】，用黑色畫出兩個輪子。

12

新增【圖層】，用深一點的綠色增添車身細節。

13

用黃色畫出露營車的車燈。

14

新增【圖層】，畫出車頂的亮灰色部分，且此圖層要在綠色四方形下方；再新增【圖層】，用綠色畫一條線呈現車蓋。

15

露營車即完成！

3. 手提燈

色卡： 23 12 16 08 28

1

首先打草稿，畫出長方形和兩個扁平
四角形。

2

在中央畫一個長橢圓形，也在手提燈
上端畫兩個扁平四角形。

3

在左右兩側畫出線條，包覆整個燈。

4

新增【圖層】，用象牙白色畫出括弧
邊框。

5

用線條連接成圓角矩形並上色。

6

新增【圖層】，用黃色畫出火光。

7

新增【圖層】，用深藍色畫出底座和
上端並上色。

8

新增【圖層】，用灰色畫出手提燈的
兩側金屬框。

9

新增【圖層】，用褐色畫出「X」字
形。X 的中心要在火花的中心。

10

刪除草稿圖層後，再稍微修整，手提
燈即完成。

4. 尋寶圖

色卡： 06 20 23 04 18 29

1

首先打草稿，畫出四角形，並在上下橫線點三個點、分成四等分。

2

參考三個點，在上下兩邊都畫出「W」的形狀。

3

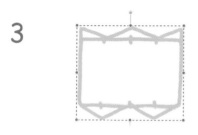

畫好後如果長度過長，可以使用【移動】工具中的【自由形式】調整大小，使其變得扁平。

4

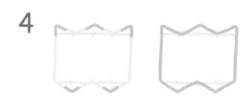

新增【圖層】，用天藍色將每個邊角畫成圓角，再用線條把邊角連接。

5

以同樣顏色塗滿後修整形狀。

6

新增【圖層】，上下兩邊分別用白色勾勒出相似的「W」。

7

左右各畫出一條直線形成封閉形狀，並塗滿顏色。

8

新增【圖層】，用象牙白色畫出三條線條。

9

新增【圖層】，用綠色畫出小三角形，呈現小山。

10

再畫一條亮灰色虛線以表示路徑（當圖案較小且不會重疊，就可以畫在同個圖層）。

11

用紅色畫「X」，表示寶藏藏匿位置。最後刪除草稿圖層，尋寶圖即完成，接著將所有圖層組成群組。

12

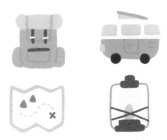

把畫好的圖案都調成差不多的大小並放在一起，就完成了一幅完整作品！

Lesson04 練習以三角形構圖

在這個章節中，我們要利用三角形
畫出帳篷、樹木、營火和烤串。

尺寸 A4 （可以自訂）

解析度 300dpi （若圖層數不夠，可以調低）

1. 帳篷

色卡： 07 28 10

1

首先打草稿，畫一個正三角形。

2

接著把三角形分成三等分，這樣便完成草稿。

3

新增【圖層】，將三角形作為骨架，用粉紅色畫出弧形將三個角連接，並塗滿顏色。

4

新增【圖層】，用褐色畫出三角形的兩個邊，表現支撐帳篷的繩子。

5

畫上左右兩邊的固定帳篷的 T 型釘。

6

新增【圖層】，用黑色在中間處畫三角形。

7

新增【圖層】於粉紅色帳篷圖層上方，用深一點的粉紅色畫出帳篷外罩，並填滿顏色。

8

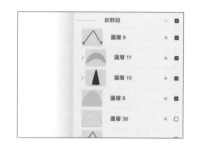

套用【剪切遮罩】，讓帳篷外罩和黑色三角形都放進整個粉紅色帳篷裡。

9

刪除草稿圖層後，再稍微修整，帳篷即完成。

2. 樹木

色卡： 04 27

1

首先打草稿，把三個三角形堆疊，並在下方畫出長方形樹幹。

2

新增【圖層】，用綠色畫出樹葉，下擺處以荷葉邊方式呈現。

3

下方兩層樹葉也以相同方式繪製。

4

新增【圖層】，用紅褐色畫出樹幹。

5

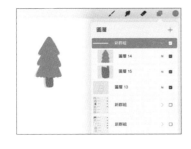

選取樹葉和樹幹圖層，組成群組。

6

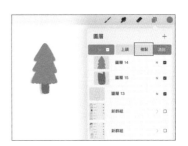

【複製】群組，新增兩棵一模一樣的樹木。

7

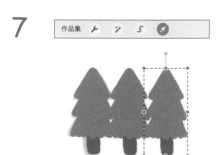

在選取群組的狀態下，點擊【移動】
工具調整位置。

8

選取中間樹木的樹葉圖層，從【調
整】＞【色相、飽和度、亮度】中，
將亮度調低成深綠色，樹木三兄弟即
完成。

3. 營火

色卡： 12 29 28 18

1

首先打草稿，畫出底邊是圓曲線的三角形。

2

接著畫出兩個不同大小的圓形，便完成草稿。

3

新增【圖層】，用黃色畫火花。

4

將火花的兩端連接，並上色和修整。

5

新增【圖層】，用紅色畫出「U」字形的火花。

6

接著畫出「W」字形的火花，並填滿顏色。

7

新增【圖層】於火花圖層下方，按照草圖輪廓用褐色畫出三根木柴。

8

新增【圖層】，用亮灰色畫出四顆小石頭。

9

如果覺得火花太大或太小，點擊【移動】工具調整大小。

10

刪除草稿圖層後，選取所有圖層並組成群組，營火即完成。

4. 烤串

色卡： 28 23 06 27

1

首先打草稿，畫出平放的三角形，頂端不相連，並在中間畫一條線。

2

新增【圖層】，用褐色畫出串食物的樹枝。

3

新增【圖層】，用象牙白色畫出兩個圓角矩形表現棉花糖。

4

新增【圖層】，用天藍色畫一條魚。先畫出魚身輪廓。

5

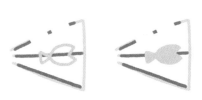

接著畫出三角形魚尾，並填滿顏色。

6

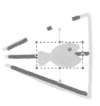

用深一點的藍色畫出魚眼睛，可以使用【移動】工具調整魚的位置。

7

新增【圖層】，用紅褐色畫出兩條大小不同的曲線。

8

將這兩條曲線用圓弧連接。

9

接著填滿顏色，並用深一點的紅褐色畫出三條線表現細節。

10

刪除草稿圖層後，選取所有圖層並組成群組，再點擊【移動】工具，用綠色控點改變角度。

11

烤串即完成。

12

把畫好的圖案都調成差不多的大小並放在一起，就完成了一幅完整作品！

集結圖案 ── 「Gogo Camping」完成！

接下來，我們要把目前為止畫好的圖案集中在同一個畫布裡，組合成一幅主題是「Gogo Camping」的作品！

1. 新建畫布，待會要將圓形、三角形和四角形等相關圖案，匯集到同一個畫布裡。

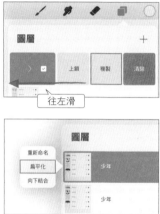

2. 來到「圓形」的畫布上，在圖層上往左滑進行【複製】，再將複製的群組【扁平化】，把群組合併成一個圖層。

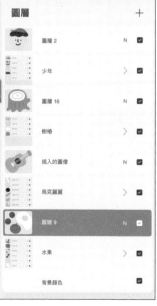

3. 其他群組也透過【複製】和【扁平化】，合併圖層。

 為什麼要對群組進行複製和扁平化呢？

因為當要把畫布上的圖都集合在一起時，如果直接把群組移過去，圖層順序會混亂。此外，在合併前進行複製，是為了保留圖層的分開狀態，這樣才便於之後對圖畫的修改。

4. 將所有合併的圖層往右滑選取並拖移出來。確認在有選取圖層的狀態下，用另一根手指點擊【作品集】回到首頁。

5. 拖移至新建立的畫布上方，再用另一根手指點入畫布。

6. 在新畫布中，可以自由地排列圖案。如果想把圖以相同大小和間距來擺放，可以畫圓圈後，複製多個圓圈做輔助線。

太棒了！終於完成一幅「Gogo Camping」的作品！

tip **移動圖層的另一個方法：【拷貝】＆【貼上】**

另外，還可以用【拷貝】、【貼上】的方式移動。點選圖層時，點擊左邊視窗的【拷貝】，接著到新畫布點擊【操作】＞【貼上】，這樣就成功移動了！

（iPad 偶爾會出現異常，導致拖放功能無法使用，這時便可以嘗試此方法。）

Chapter 3
/
掌握構圖比例，
畫出生動的人物角色

設計人物角色時，骨架的比例特別重要。
先用簡單的圖形來構圖再開始畫，
看起來複雜的姿勢動作也能畫得很自然。
在本章中，將教你如何掌握人物的可愛感，
並運用多樣的臉型、髮型、服裝做變化，
創造出充滿特色的人物角色！

基本的Q版人體構造

在開始畫人物前,要先了解人類的比例和構造。若掌握「人在不同比例下會有哪些視覺效果?」、「人體構造有哪些?」,這樣日後畫起圖來都會更簡單、更容易。

1. 頭的大小和可愛度成正比

看見小動物或小孩子,都會覺得很可愛吧?但是明明一樣是人、是動物,為什麼幼小時期都比較可愛呢?

我認為其中一個因素是「頭的大小」。在幼小時期,於整個身體中頭的占比大,可是隨著身高的成長,頭相較於身體越來越小。小孩子的特徵就是頭大但個子不高,且四肢又短又小。如果運用這比例來畫人物,就能充分呈現可愛感。

三頭身　　　　五頭身　　　　七頭身

如圖所示，從左邊的人開始，依序為三頭身、五頭身、七頭身。身高都一樣，但頭的占比越小，就顯得越老成。在畫人物時，我通常會畫成三頭身，非常喜歡用這種小孩子比例畫出可愛感，而且把頭畫得很大時，臉上的笑容就會更明顯，這也是另一個我喜歡的原因。可以試著畫出不同比例的人，並從中找出滿意的比例吧！

2. 人的身體由哪些部位構成？

簡單地想一下，人是由頭、身體、手臂和腿所組成。人的左右是對稱的；頭部、手臂和腿都跟身體相連；手臂和腿都各被一個關節所區隔，並在末端連接到手掌和腳掌；比較靠近身體的手臂和腿會稍微長一點、大一點。

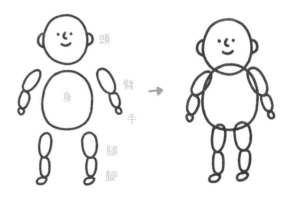

只要移動頸部、手和腳的關節，就能做出很多動作。先照著頭、身、臂、腿的順序，把骨架畫出來吧！與其憑空直接畫，不如利用骨架畫好姿勢後，再開始繪製，這樣反而更簡單。

3. 試著先
   畫出骨架吧！

1. 畫骨架

1. 在畫三頭身之前，先標
   記三部分區域。中間身
   體部分需要寬一點。

2. 畫出頭部和身體。

3. 畫出腿部。與身體相連
   的腿要畫得大且長一
   點，越往下越細，最後
   在末端畫上小腳。

4. 畫出手臂。手臂同樣越
   往末端要越細小，這樣
   骨架部分便完成了。

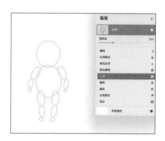

5. 把骨架圖層的透明度調
   低，接著新增【圖層】
   打草稿。

2. 打草稿

1. 新增【圖層】，畫出臉蛋，並以骨架為基準，畫出身體的兩側曲線。

2. 用直線把兩側曲線連接。上半身會比先前畫的骨架再稍微高一點。

3. 參考骨架圖，用曲線畫出肩線。畫手臂和腿部時，要畫得比骨架胖一點，才能呈現可愛感。

4. 內側畫直線以完成手臂，並在末端畫出手部。

5. 右邊也以相同方法繪製。

6. 以曲線畫出腿部線條，越往末端要越往內縮。

7. 在骨架上、身體末端的中間，標記出位置。

8. 此點至腿的底部，畫出倒「V」字形。

9. 接著在末端畫上腳部。

10. 刪除骨架圖層，再簡單地畫眼睛、鼻子和嘴巴，人物草稿便完成。

11. 如果要畫小朋友，臉蛋差不多大小，但身體要畫小一點。

4. 更多不同的
動感姿勢！

1. 動動手臂！

1. 先以圓形構圖，畫出手臂向上舉起的骨架。

2. 把骨架圖層的透明度調低，並新增【圖層】畫出頭部。

3. 參考骨架圖，在身體兩側畫曲線後用一條橫線連接。

4. 按照骨架圖畫出右手臂，讓外側線條呈現較飽滿的曲線。

5. 左邊手臂也以相同方法繪製。

6. 以曲線畫出腿部線條，越往末端要越往內縮。

7. 接著在末端畫上腳部。

8. 簡單地畫上五官，舉起雙手的人物草稿即完成。

2. 雙腿也動一動吧！

1. 只要畫出與身體連接的手臂和腿，並以關節做區隔，無論什麼動作都能輕鬆畫出來。

2. 把圖層的透明度調低，並新增【圖層】畫頭部。

3. 在身體兩側畫曲線後用一條橫線連接。

4. 在上半身和頭部之間用曲線畫出手臂，並於手臂末端畫出手部。

5. 參考骨架圖的輪廓,往下畫出右腿。

6. 左腿也以骨架為基準,不過要畫得更粗一點。

7. 刪除骨架圖層。

8. 簡單畫上五官,跳舞的人物即完成。利用骨架來畫人物,便能輕鬆繪製出各種姿勢和動作。

畫出各式各樣的臉蛋

1. 只畫出臉上「必要」的部分

若直接看人的臉會覺得很複雜，但如果分開來看，就知道人臉是由眼睛、鼻子、嘴巴、頭髮、耳朵所構成。當以可愛感為主軸來繪圖時，比起把細節完整表現，應要更著重在把「必要部分」畫出來。只要畫出臉上一定要有的東西，這樣無論怎麼畫都會像一張臉。

把元素都擠在一塊的臉蛋分開來看，都是由哪些部位所組成的呢？

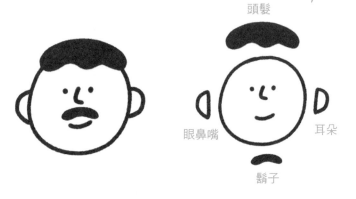

除了眼睛、鼻子、嘴巴和耳朵之外，臉蛋上其實還有魚尾紋、睫毛等。若想增添這些細節，等畫完基礎元素後再加上去就可以了，但細節越多，圖案也會越複雜。

2. 練習變換
不同的臉型

人有著各式各樣的臉型。有些人是圓的，有些人是尖的，有些人則是方的。即使擁有相似的五官，也會隨著臉部線條而給人不同印象。那麼，來試著畫出各種形狀和顏色的臉型吧！

除了畫出正圓的臉型，也要試著畫出長圓形和短圓形。每次要畫圓時，都要另外新增圖層來畫。

接著來畫出方形、三角形和圓角矩形的臉型。這次在膚色上做點變化，試著配上不同的顏色吧！

3. 用點和線組合
豐富表情

1. 各種形狀的眼睛、鼻子、嘴巴

臉上最重要的眼睛、鼻子和嘴巴，我們要用點和線來畫。雖是簡單的點和線，但組合卻相當多樣化。例如，眼睛可以畫成點狀的小圓；鼻子和嘴巴可以畫得有長有短；還有可以表現情緒的嘴巴。

2. 只要位置改變，就會變成另一張臉

即使是一模一樣的眼睛、鼻子和嘴巴，也會根據擺放位置而變成另一張臉。觀察周遭朋友，是不是有的人眼距窄，有的人眉間寬，還有的人人中很長呢？像這樣稍微改變眼睛、鼻子和嘴巴的位置，即使形狀相同，也會變成另一張臉。來新增圖層，畫出各種形狀和位置的眼睛、鼻子和嘴巴吧！

3. 來畫耳朵吧！

畫完並調整好眼睛、鼻子、嘴巴後，現在開始要畫耳朵囉！

1. 手指長按、吸取臉部顏色，我們要用跟臉蛋一樣的顏色來畫耳朵。

2. 新增【圖層】，在臉的兩側畫耳朵。位置大概是在眼睛和嘴巴的中間，想像成把半圓分別掛在兩側臉上。

3. 圖層的順序依序應為耳朵、眼睛、鼻子、嘴巴、臉型。耳朵要另開圖層來畫，這樣在畫髮型時，才能呈現把頭髮撩到耳後的效果。

4. 在其他臉型也擺上眼睛、鼻子和嘴巴之後，再畫出耳朵。

4. 改變髮型 就能改變形象

在畫髮型時，圖層要新增於耳朵與臉蛋之間。根據瀏海和後方頭髮的組合，可以得到多樣化的頭髮造型。

1. 中分頭＋短髮

1. 在頭部的正中央做標記。

2. 沿著臉部線條，畫出歪斜又扁平的圓形。

3. 另一邊的瀏海畫出微微的「S」字形。

4. 沿著臉部線條完成另一邊瀏海。

5. 填滿顏色後，移動眼睛、鼻子和嘴巴至適合位置。

6. 中分頭即完成。

7. 新增【圖層】並擺放在最後。在兩側畫出短髮髮尾，並讓右邊髮尾與瀏海連接。

8. 短髮即完成。

2. 栗子頭＋雙馬尾辮

1. 新增【圖層】，沿著臉部線條畫出與額頭相接的瀏海。

2. 填滿顏色後，用比髮色淺一點的顏色，在中央畫出髮線，栗子頭即完成。

3. 新增【圖層】並擺放在最後，畫出兩個圓和一個三角形組成的辮子。

4. 另一邊也以相同方法繪製，雙馬尾辮即完成。

3. 雲朵瀏海＋丸子頭

1. 新增【圖層】，畫出波浪形的瀏海。

2. 用線條將波浪連接，並將兩端畫成圓圓的。

3. 可以利用【移動】工具調整瀏海位置。

4. 雲朵狀頭髮即完成。

5. 在頭頂上畫出圓形並塗滿顏色。

6. 丸子頭即完成。

4. 四方頭＋有氧健美造型

1. 在頭頂畫出圓角矩形。

2. 填滿顏色後，四方形頭髮即完成。

3. 新增【圖層】並放置在最後，畫出兩側的後面頭髮。

4. 畫一條橘色髮帶，再稍微修整，有氧健美造型即完成。

5. 也可以加上雀斑增加人物圖案細節。

5. 中分捲髮

1. 新增【圖層】並放在耳朵圖層下方，在頭部的正中央做標記。

2. 沿著臉部的線條畫出半圓形。

3. 頭頂到耳朵的左半邊頭髮，以波浪曲線連接。

4. 另一邊的頭髮也以相同方式繪製。

5. 填滿顏色後，用比髮色更深一點的顏色畫出髮線，中分捲髮即完成。

6. 也可以加上眉毛，凸顯人物特徵。

6. 飛機頭

1. 新增【圖層】，先畫出小圓形決定頭髮位置。

2. 用曲線將兩個圓形連接。

3. 填滿顏色後，飛機頭即完成。可以依照臉型調整髮型的位置。

4. 也可以加上腮紅，增添人物臉部細節。這時可以用【噴槍】>【柔質噴槍】筆刷畫出腮紅後，再把透明度調低。

5. 飛機頭的人物即完成。

最後再補充一下，其實還可以使用鬍鬚、雀斑、腮紅等細節，打造出個性十足的臉蛋。在繪圖時，記得圖層一定要分開，之後才能夠改變位置或大小。試著將各式各樣的臉型、眼睛、鼻子、嘴巴以及髮型組合起來，畫出具有個人特色的臉蛋吧！

Lesson03 穿上展現風格的衣服

在這個章節裡，將要學習如何幫人物畫上五顏六色的服裝。只要改變衣服的花色或造型，整個人的氛圍也會截然不同！

型態

在畫衣服時，可以想成是要幫骨架穿衣服。基本上有長袖和長褲，而讓長度變短，就會變成短袖和短褲，方型短裙也可以取代褲子，甚至還有連衣裙。我們只要在這些基本形狀上，添加圖案或細節來畫就可以了。

為了幫人物畫上衣服，首先要畫出一個站直的人物骨架。畫好骨架後，進行兩次複製，讓畫面上出現三個人物，試著練習給這三個人畫上衣服和髮型吧！

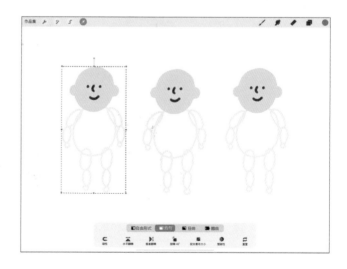

1. 時尚外國型男

首先第一個要畫出最簡單的長袖和長褲。
雖然形狀很單純，但只要增添條紋，也能變得很時尚。
來畫一個梳著個性金色中分頭的外國帥哥吧！

色卡： 22 10 16 18 08 12

1

新增【圖層】，在骨架上畫出身體線條。

2

畫出肩膀線條。

3

將肩膀線條與身體連接，畫出手臂。

4

填滿顏色後，再稍微修整。接著新增【圖層】，畫出雙手。

5

新增【圖層】後，畫出腿部，線條越往下越內縮。

6

畫出一個倒「V」字形，完成雙腿部分。

7

將腳踝處連接。

8

填滿顏色後，新增【圖層】畫出雙腳。

9

新增【圖層】，在上半身畫出條紋，線條可以不用很筆直。

10

兩側手臂也畫上條紋。

11

在褲子圖層上，用比褲子稍微深一點的顏色，畫出口袋和拉鍊。

12

在臉蛋和耳朵之間，新增【圖層】來畫出瀏海。

13

在頭頂中間標記位置，並用曲線畫出右邊頭髮。

14

以相同方法畫出另一邊的頭髮。

15

填滿顏色後，再稍微修整。可以使用【移動】工具調整頭髮位置。

16

新增【圖層】，在嘴巴周圍畫出鬍鬚。

17

時尚外國型男即完成。

2. 隨興帽 T 男孩

這次要在長袖 T 恤上加帽子和口袋，也就是帽 T。
像這樣加上小細節，更能增添圖案的完成度。
一起來畫這位戴著鴨舌帽的男生吧！

色卡： 22 10 21 05 27 15

1

新增【圖層】後，畫出長袖上衣。

2

在肩膀兩邊畫出兩個小圓，表現帽T的帽子。

3

把帽T填滿顏色後，再稍微修整。

4

新增【圖層】於帽T圖層下方，畫出雙手。

5

新增【圖層】，從帽T的兩端開始畫線。

6

畫一個倒「V」字形。

7

兩邊用線條連接，填滿顏色並修整後，短褲即完成。

8

新增【圖層】於褲子圖層下方，參考骨架畫出腿部，並在末端畫出雙腳。

9

新增【圖層】，畫出紅褐色的鞋子。

10

新增【圖層】於帽 T 圖層上方，用比帽 T 深一點的顏色，畫出線條和口袋。

11

新增【圖層】於臉蛋圖層上方，畫出雲朵形狀的頭髮。

12

把頭髮塗滿顏色後，再稍微修整。

13

新增【圖層】於頭髮圖層上方，畫出一頂帽子。

14

調整頭髮和帽子的大小和位置，與臉蛋對稱。

15

帽 T 男孩即完成。

3. 時髦背心男士

這次要畫一件添加了許多細節的衣服，
加了衣領、背心以及圖案之後就變得很有特色。
這是一位看似不經心、實則花心思打扮的時髦男子。

色卡： 22 10 23 29 09 27 26

1

畫出臉蛋後,接著新增
【圖層】,用象牙白色
畫出打底上衣。

2

把打底上衣填滿顏色後,
再稍微修整。

3

新增【圖層】,畫出背
心。後續會使用【剪切
遮罩】,所以超出上衣
範圍也沒關係。

4

點選背心圖層並點擊
【剪切遮罩】,讓背心
圖層放進上衣圖層裡。

5

新增【圖層】,畫出兩
側的手部。

6

新增【圖層】於背心圖
層上方,畫出「W」字
形的衣領。

7

新增【圖層】,用兩個
深淺不同的顏色,畫出
菱形格紋。因為格紋很
小,建議使用細一點的
筆刷,或畫好再縮小。

8

交錯使用顏色,畫出相
同形狀的菱形格紋。

9

新增【圖層】,畫出褲
子,從上衣至腳踝,線
條越往下越內縮。

10

畫出褲子的內側線條，並連接底部線條，完成褲子線稿。

11

把褲子填滿顏色後，再稍微修整。

12

新增【圖層】於褲子圖層下方，畫出雙腳。

13

新增【圖層】於臉蛋圖層上方，畫出頭髮的圓形輔助線。

14

將圓圈連接，完成頭髮線稿。

15

把頭髮塗滿顏色後，再稍微修整。

16

時髦背心男士即完成。

tip 繪製手部與腳部

四根手指頭　三根手指頭　　腳部　　穿鞋子的腳

書中人物的手與腳都會偏小，所以比起表現所有細節，還是以單純的形態來表現會更好，像是只需要畫三根手指頭，就能充分將手部呈現出來！

4. 純樸牧場少女

我們來畫在羊群牧場上穿著吊帶褲的純真少女吧！
只要把吊帶褲想成是由背心與長褲組合而成，就會變得很簡單。

色卡： 22 10 19 16 09 26

1

畫出臉蛋後，接著新增
【圖層】，畫出長袖上
衣的線條。

2

把長袖上衣填滿顏色後，
再稍微修整。

3

新增【圖層】，在頸部
畫一個「凵」字形。

4

畫出線條歪斜，並與肩
膀連接的吊帶。

5

將此線條一路延伸至腳
踝，畫出下半身的衣物。

6

參考骨架圖，用倒「V」
字形畫出褲子內側線條。

7

將吊帶褲底部連接，形
成封閉圖形，上色並稍
微修整。

8

新增【圖層】，用比吊
帶褲深一點的顏色，畫
出口袋和拉鍊等細節。

9

新增【圖層】用比吊帶
褲淺一點的顏色，畫出
兩個褲口。

10

接著用膚色畫出雙手，
用深褐色畫出雙腳。

11

新增【圖層】於臉蛋圖
層上方，畫出雲朵形狀
的瀏海。

12

填滿顏色後，調整瀏海
的大小和位置。

13

新增【圖層】於臉蛋圖
層下方，畫出綁起來的
馬尾。

14

牧場少女即完成。

5. 溫暖大衣女子

一起來畫出頭上戴著暖和毛帽、身穿大衣的少女。
只要在長袖衣服上增添細節，就能完成一件超好看的大衣。

色卡： 22 10 06 20 25 14 08 28 07

1

把上衣畫得長一些，並把手畫成跟身體貼在一起的樣子。

2

把大衣填滿顏色後，再稍微修整。

3

新增【圖層】後，用比衣服深一點的顏色，畫出手臂和身體重疊的線條。

4

畫出大衣的肩飾和中間線條。若線條凸出，可利用【剪切遮罩】放進大衣圖層裡。

5

新增【圖層】，用白色畫三條橫線。

6

在白色線條的左右兩側，各畫出小三角形。

7

新增【圖層】於大衣圖層下方，畫出手套。

8

新增【圖層】，用灰色畫出腿形。

9

填滿顏色後，再稍微修整，冬季靴子即完成。

10

新增【圖層】於臉蛋圖層上方，畫出四六分瀏海的輪廓。

11

把瀏海填滿顏色後，再稍微修整。

12

新增【圖層】於大衣圖層下方，畫出大波浪髮型，並與瀏海連接。

13

把頭髮填滿顏色後，再稍微修整。

14

新增【圖層】於頭髮圖層上方，畫一個又長又扁的形狀。

15

接著在上面依序用三角形和圓形，畫出帽子。

16

大衣女子即完成。

6. 藝術風格姐姐

身穿帶有圖案大膽、顏色鮮豔衣服的時髦女子，
裙子的部分，就簡單用四角形完成吧！

色卡： 22 10 11 05 29 25

1

新增【圖層】，畫出上半身的衣服，這次畫得比之前短一點。

2

袖子也畫得稍微短一些，展現七分袖的樣子。

3

把上衣填滿顏色後，再稍微修整。

4

新增【圖層】，畫出裙子，越往下要越寬。

5

把裙子填滿顏色後，再稍微修整。

6

新增【圖層】於上衣圖層上方，畫出雙手。

7

新增【圖層】於裙子圖層下方，畫出腿和腳。

8

新增【圖層】於腳部圖層上方，畫出小跟鞋。

9

新增【圖層】於上衣圖層上方，畫出多個圓點。

10

此圖層使用【剪切遮罩】，讓圓點花紋放進上衣圖層裡。

11

新增【圖層】於臉蛋圖層上方，畫出瀏海。

12

把瀏海填滿顏色後，再稍微修整。

13

新增【圖層】於上衣圖層上方，畫出後面頭髮，並與瀏海連接。

14

新增【圖層】於頭髮圖層上方，畫出貝雷帽。

15

新增【圖層】於手部圖層下方，畫出小手拿包。

16

穿搭吸睛的小姐姐完成了。

tip **添加各種飾品**

只要利用圖層分開繪製，電繪就像小時候玩娃娃時一樣，可以隨意地添加各種飾品。
試著畫出各種形狀的帽子、圍巾、墨鏡、包包或鞋子吧！

tip **添加有趣的圖案**

衣服雖然相同，但可以畫出不一樣的圖案。多觀察日常周遭出現的條紋、格紋、圓點
等服裝，再試著把圖案畫出來，這樣一定能幫助各位完成更豐富的畫作。

Lesson04 不需要細節的迷你人物

我們只要把人物縮小，就可以完成由多個人物所構成的不同景象。
通常把人物變小後，就不需要太多細節，可以畫得更簡單一些。

1. 冬天公園的人們

一起來畫出一幅人們在下著雪的公園裡散步的景象吧！

❶ 報童帽女孩

色卡： 22 10 28 29 05 18 30

1

先定出人物骨架大小，
之後都會在這個骨架上
作畫。

2

把骨架圖層的透明度調
低，再新增【圖層】畫
出臉蛋、眼睛、鼻子和
嘴巴。

3

新增【圖層】，畫出卷
卷的短髮。

4

新增【圖層】，畫出報
童帽。

5

新增【圖層】於臉蛋圖
層下方，用綠色畫出大
衣，並加入圓點。

6

新增【圖層】於大衣圖
層下方，畫出雙手。因
為手很小，僅用圓圈表
現即可。

7

新增【圖層】於臉蛋和
大衣的圖層之間，畫出
圍巾。

8

新增【圖層】，畫出褲
子和鞋子。

9

新增【圖層】，畫出側
背包。刪除輔助圖層後，
將所有圖層組成群組。

❷ 金髮女孩

色卡：21 25 10 14 23 27 09 08

1

複製一開始畫的人物骨架，並把透明度調低。

2

新增【圖層】，畫出人物的臉蛋。

3

新增【圖層】，畫出眼睛、鼻子、嘴巴和頭髮。

4

新增【圖層】於臉蛋圖層下方，畫出外套和雙手。

5

新增【圖層】，用比大衣深一點的顏色，畫出格紋。

6

新增【圖層】，在頸部畫出象牙白色的圍巾。

7

新增【圖層】，畫出手提包。

8

畫出腿和鞋子。

9

刪除輔助圖層後，將所有圖層組成群組。

❸ 毛帽男孩

色卡：27 10 04 07 23 16

1

新增【圖層】於骨架圖層上方，畫出臉蛋。

2

新增【圖層】，畫出眼睛、鼻子、嘴巴、頭髮和帽子。

3

新增【圖層】於臉蛋圖層下方，畫出上衣。

4

新增【圖層】，用比上衣深一點的顏色，畫出上衣輪廓，也畫出雙手。

5

新增【圖層】，畫出手中的手機。

6

新增【圖層】，畫出褲子和鞋子。刪除輔助圖層後，將所有圖層組成群組。

❹ 滑板男孩

色卡：21 10 05 18 20 16 03 02

1

新增【圖層】於骨架輔助圖層上方，畫出臉蛋。

2

新增【圖層】，畫出眼睛、鼻子、嘴巴、頭髮和帽子。

3

新增【圖層】於臉蛋圖層下方，畫出上衣，再畫出雙手。

4

新增【圖層】，畫出上衣的白色條紋。

5

新增【圖層】，畫出腿和鞋子，膝蓋要微彎的樣子。

6

新增【圖層】，畫出滑板。刪除輔助線後，將所有圖層組成群組。

❺ 遛狗女孩

色卡： 21 11 10 16 27 30 08 28

1

新增【圖層】於骨架圖層上方，畫出臉蛋。

2

新增【圖層】，畫出五官和頭髮，並讓臉蛋稍偏向左邊。

3

新增【圖層】於臉蛋下方，畫出長外套。使用比 16 號藍色稍微偏紫的顏色來畫。

4

新增【圖層】於大衣上方，用比大衣深一點的顏色，畫出口袋和衣領。

5

新增【圖層】於大衣下方，畫出裙子。

6

新增【圖層】於裙子下方，畫出腿和鞋子。

7

新增【圖層】，畫出小狗的頭部。

8

新增【圖層】，畫出身體、腿和尾巴。

9

新增【圖層】，在耳朵、腿和嘴巴塗上顏色。

10

新增【圖層】，畫出眼睛、鼻子和嘴巴。

11

新增【圖層】，畫出狗鍊。選取所有的小狗圖層，利用【移動】工具調整位置。

12

刪除輔助線後，將所有圖層組成群組。

❻ 爺爺和孫子

色卡： 22 10 08 30 29 17
28 25 23 18 04

1

新增【圖層】於骨架圖層上方，畫出臉蛋。再新增【圖層】畫眼睛、鼻子、嘴巴和耳朵。

2

新增【圖層】，用灰色畫出爺爺的頭髮。

3

新增【圖層】於臉蛋圖層下方，畫出大衣。再新增【圖層】，用比大衣深一點的顏色，畫出花紋。

4

新增【圖層】於臉蛋圖層下方，畫出圍巾。

5

新增【圖層】，畫出腿和鞋子。

6

刪除輔助圖層後，將所有圖層組成群組，爺爺即完成。

7

接下來畫孫子，複製一個骨架圖層。

8

新增【圖層】，畫出臉蛋、頭髮、眼睛、鼻子和嘴巴。

9

新增【圖層】，畫出頭上的保暖耳罩。

10

新增【圖層】於臉蛋圖層下方，畫出身體和雙手，並讓其中一隻手往上舉。

11

新增【圖層】，畫出腿和鞋子。

12

刪除輔助圖層後，將所有圖層組成群組，孫子即完成。

設定背景顏色（19 號淺灰色）後，把組成群組的各人物調小，適當分配在畫布上。如果有些圖案在背景變灰色後看不清楚，只需要調整亮度就行了。因為是分開圖層繪製，所以可以透過【操作】>【調整】改變顏色。如圖所示，我把孫子和毛帽男孩的衣物顏色更換，從原本的象牙白色改成白色（亮度調到最高值就會是白色）。

最後，新增【圖層】後，用小圓點呈現從天而降的雪花，另在空白處畫了兩隻鴿子，這樣一幅「冬天的公園」就完成了！

2. 夏天海邊的遊客

利用各種服裝與動作變化，畫一幅人們在沙灘上享受夏日假期的景象吧！

❶ 冰淇淋女孩

色卡： 26　10　12　07　28　25

1

新增【圖層】於骨架輔助圖層上方，畫出臉蛋。

2

新增【圖層】，畫出頭髮、眼睛、鼻子和嘴巴，並讓頭和臉都朝向右邊。

3

新增【圖層】於臉蛋圖層下方，畫出連身裙。

4

新增【圖層】，畫出手臂和腿。

5

新增【圖層】於手臂圖層下方，畫出冰淇淋。

6

新增【圖層】，在連身裙畫出「十」字形花紋。刪除輔助圖層後，將所有圖層組成群組。

❷ 游泳圈女孩

色卡： 22 28 10 24 04 14 23 01

1

新增【圖層】於骨架圖層上方，畫出臉蛋。

2

新增【圖層】，畫出瀏海雙馬尾、眼睛、鼻子和嘴巴。

3

新增【圖層】，在頭髮上畫出帽子。

4

新增【圖層】，畫出整個身體，手臂處畫成微微張開的樣子。

5

新增【圖層】，畫出連身泳衣。

6

新增【圖層】，畫出圓點，並套用【剪切遮罩】讓圓點放進泳衣圖層裡。

7

新增【圖層】，畫出游泳圈。

8

刪除輔助圖層後，將所有圖層組成群組。

❸ 衝浪女孩

色卡： 21　12　10　16　03

1

新增【圖層】於骨架圖層
上方，畫出臉蛋。

2

新增【圖層】，畫出眼
睛、鼻子、嘴巴和頭髮。

3

新增【圖層】於臉蛋圖
層下方，畫出身體和左
手臂。

4

新增【圖層】，畫出短
褲和腿。

5

新增【圖層】，畫出衝
浪板，並用線條增添衝
浪板細節。

6

新增【圖層】於最上方，
畫出右手臂。

7

刪除輔助圖層後，將所
有圖層組成群組。

❹ 曬日光浴的女孩

色卡： 21 10 01 06

1

新增【圖層】於骨架圖層
上方，畫出臉蛋。

2

新增【圖層】，把頭髮
畫成葫蘆狀。

3

新增【圖層】，畫出身
體。為了呈現用手支撐
頭部的樣子，雙臂都只
畫一半。

4

新增【圖層】，畫出比
基尼。

5

新增【圖層】於最下方，
畫出藍色墊子。刪除輔助
圖層後，將所有圖層組成
群組。

❺ 打沙灘球的夥伴

色卡： 22 02 10 16 27 25 04 15 20

1

新增【圖層】於骨架圖層上方，畫出女生的臉蛋。

2

新增【圖層】，畫出眼睛、鼻子、嘴巴和頭髮。

3

新增【圖層】，畫出張開手臂和翹腳的模樣。

4

新增【圖層】，畫出兩件式泳衣。

5

複製骨架圖移至旁邊，新增【圖層】，畫出另個人的臉蛋。

6

新增【圖層】，用比臉深一點的顏色畫出身體，其手臂要朝上。

7

新增【圖層】，畫出頭髮、眼睛、鼻子和嘴巴。

8

新增【圖層】，畫出綠色短褲。

9

新增【圖層】，畫出沙灘球。可以先畫藍色圓形，再用白色畫長扁圓形。

使用【**移動**】工具，調
整沙灘球的位置。

刪除輔助圖層後，將所
有圖層組成群組。

將背景顏色設為米黃色，再適當將人物放在畫布上並調整大小。如果發現象牙白色
與背景顏色太相似，導致人物被埋沒，可以把顏色改為白色，如下圖我有把游泳圈
的顏色改成白色。

新增圖層後，畫出一粒粒的沙子和海鷗，夏天的海邊就完成了！

Chapter 4

/

強調體型特徵，
畫出可愛的動物朋友

世界上的動物多到數不清，具備各式不同的樣貌，
接下來，我們就要來學習如何繪製動物角色！
首先，我們要對動物的外貌結構有簡單的認知，
掌握概念後，就能夠輕易利用基本的圖形來構圖，
畫出不同大小、體型、特色的動物朋友。

基本的 Q 版動物構造

**1. 動物的身體由
哪些部位構成？**

在開始畫動物前，要先了解動物的身體有哪些結構。如果能理解動物是由哪些部位所構成，日後畫起圖來就會更簡單、更輕鬆。

人類是用雙腳站立，動物則是用四隻腳站立。雖然也有用雙腳站立的動物，但基本上都是用四隻腳走路。如果簡單地區分動物的全身，會有頭部、身體、腳和尾巴，而且頭、腳和尾巴與身體是相連的。只要記住這個基本形態，任何四足動物都可以輕鬆畫出來。

換句話說，在動物的基本形態上，只有長度和大小會不一樣。例如長頸鹿，牠的頭部很小，而且頭部距離身體很遠，頭和身體是由脖子串連在一起，腿和脖子的長度相同；豬的頭部很大，而且脖子短到幾乎沒有，所以身體和頭部貼得很近，腿也短了很多。

就像這樣，頭部、身體、腿以及尾巴，基本的動物結構是不變的，再根據頭部的大小、身體的長度、腿的長度、臉的位置等做調整。大家可以多多觀察各種動物照片，並且利用圖形的大小、長度、位置來劃分。

不是有一些四足動物，偶爾也會用雙腳站立嗎？像是熊、水獺、無尾熊等，我們反而比較熟悉牠們站著的模樣。這些能用雙腳站立的動物，跟人類長得很像。當我們在繪製這些用雙腳站立的可愛動物時，只要把頭部改成在上方，身體部分轉換方向，並把前腳畫得像手臂一樣即可。我們可以想成是在畫用雙腳走路的人類。

2. 選擇自己順手的方向

本書中的插畫都是很單純的圖案，所以得用簡單形狀繪製出一眼就能認出來的形象，把特徵明顯地呈現。例如，無尾熊的特徵就是圓臉和圓耳朵，所以最好畫出正面的臉蛋；狐狸的特徵在於狹長的吻部，所以這部分就要確實地呈現；在畫麻雀時，為了呈現胖乎乎的側臉和喙，所以會畫出牠的側面樣貌。

在繪製臉蛋可愛的動物時，眼睛、鼻子、嘴巴這三個元素要同時出現在正臉上；在畫四隻腳的動物時，為了清楚表現腳部，所以要畫出動物的側面。像這樣把自己熟悉的樣貌畫下來就可以了，沒有正確答案喔！

3. 抓出臉部 五官的特徵

若把動物的臉部分開來看，可以知道是由眼睛、鼻子、嘴巴、吻部、耳朵以及偶爾會有的角所構成。在繪製動物時，不用把細節都表達出來，只需畫出動物臉上不可或缺的五官，就能輕鬆完成動物的臉蛋。

❶ 有長有短的吻部

動物臉部的特徵之一就是「吻部」。如果從側面仔細觀察動物的臉，就會看見有往前凸出去的部分吧？

動物的鼻子和嘴巴都在吻部上，而不同的動物，其吻部有長有短，也有圓形、三角形等各種形狀，我們一起試著練習畫出各種不同的吻部吧！

❷ 各種形狀的眼睛、 鼻子、嘴巴

動物也和人類一樣，臉的長相會隨著眼睛、鼻子、嘴巴的形狀和位置而改變。一般都會畫出一個點來表示圓眼睛，但如果把圓稍微拉長或改變角度，就可以畫出細長眼睛，還能表現生氣或悲傷的情緒。

鼻子也可以畫出各種形狀。即使同樣是圓形，也可以畫成扁平的、長的、半圓的，還可以畫成三角形或是四方形來表現鼻子。

我們把嘴巴和鼻子想成是相連的。從鼻子中央到嘴部畫在一起，形成「人」、「⊥」字形就可以了。動物的頭部、眼睛、鼻子、嘴巴通常是左右對稱，但並沒有規定一定要這樣畫，歡迎大家自由發揮創意。

❸ 眼距和人中

如同每個人的臉都長不一樣，動物也都長得不相同。不改變眼睛、鼻子、嘴巴和吻部的形狀，光是改變五官的位置，也能打造出多樣的面孔。

兩眼之間的距離可以是狹窄或寬廣，鼻子和嘴巴之間的人中長度也是可以隨意變化。通常鼻子和嘴巴的距離越近，看起來會越年輕。如果鼻子和嘴巴位於吻部偏下的位置，就代表是長吻。當使用 iPad 來繪圖時，可以在畫完圖後自由變更圖案位置，所以請盡情地畫出各種形狀的眼睛、鼻子、嘴巴和吻部在不同的圖層上，再變換圖層位置來呈現多樣化的動物面孔吧！

Lesson02 視覺上的兩腳動物

1. 可靠的大熊

我們一起來畫出這隻有著雄壯身形的大熊吧！
牠有著隨時都能安穩依靠的厚實肩膀。

色卡： 23

1

首先打草稿構圖，畫出兩個圓，定出頭部和身體的位置。

2

畫出兩隻手，手部會與身體的圓形重疊。

3

畫出腿和腳。

4

把草稿的透明度調低後，接著新增【圖層】，依照草稿畫出全身線條。

5

畫出腳和耳朵。

6

把全身填滿顏色，並稍微修整。

7

新增【圖層】，用黑色畫出畫眼睛。

8

新增【圖層】，用天藍色畫出長吻。

9

用半圓畫出兩隻耳朵。

10

新增【**圖層**】，畫出鼻子和嘴巴。

11

新增【**圖層**】，用象牙白色在胸前畫出半月形。

12

新增【**圖層**】，用深一點的藍色，在兩側各畫出手和身體的分隔線。

13

新增【**圖層**】，畫出趾甲，大熊即完成。

 可以移動鼻子和嘴巴的圖層，呈現不同長相的大熊！

位於下方，會顯得吻部比較長。

位於上方，會顯得下巴比較長。

吻部縮小，會顯得年紀比較小。

2. 小不點企鵝

接著來畫出圓滾滾的企鵝，
牠們正匆忙地朝著某個地方走去，那裡不曉得會有什麼？

色卡： 23 11 10 21

1

先打草稿構圖，定出身體、腳和喙的位置。

2

由喙的尖端作為起點，用曲線畫出翅膀。

3

把草稿圖層的透明度調低，接著新增【圖層】，用象牙白色畫出身體，用黃色畫出喙。

4

新增【圖層】，畫出呈曲線的翅膀內側。

5

畫出平緩的曲線，連接頭部至尾巴。

6

把背部塗滿顏色後，再稍微修整。

7

新增【圖層】於身體圖層下方，畫出企鵝另一邊的翅膀。

8

新增【圖層】，用白色畫出眼睛。

9

新增【圖層】，用黑色畫出瞳孔。

10

新增【圖層】，用粉紅色畫出雙腳。

11

用深一點的黑色，畫出翅膀線條，小不點企鵝即完成。

3. 笑瞇瞇烏龜

烏龜是四隻腳，
但從側面看只有兩隻腳，
既然如此就從這裡下手吧！
畫出這隻露出和藹微笑的烏龜。

色卡：05 04 10

1

首先打草稿，畫出半圓，呈現烏龜殼。

2

畫出圓圓的頭部，並與龜殼連接。

3

畫出兩隻腳。

4

把草稿的透明度調低，接著新增【圖層】，用綠色畫出龜殼。

5

把龜殼填滿顏色後，再稍微修整。

6

新增【圖層】於龜殼圖層下方，用另一種綠色畫出頭部。

7

新增【圖層】於龜殼圖層上方，畫出龜殼紋路，可以畫一些呈曲線的四角形和三角形。

8

把紋路填滿顏色，再新增【圖層】畫出雙腳。

9

新增【圖層】，畫出帶有笑意的眼睛和嘴巴，和藹的烏龜即完成。

Lesson03 不同體型的四腳動物

1. 溫柔小狐狸

外貌充滿特色的狐狸非常可愛，
牠露出了十分從容的微笑。

色卡： 01 23 10

1

首先打草稿構圖，定出身體和頭部的位置。

2

畫出尾巴和四條腿。

3

把草稿圖層的透明度調低，接著新增【圖層】，按照草稿畫出從身體到頭部的線條。

4

接著畫出從頭部到腿部的線條。頭部和腿之間要畫出尖尖的吻部。

5

畫出四條腿，如果畫歪也沒關係。

6

畫出尾巴，尾巴越往後面要畫得越粗、越豐滿。

7

把全身填滿顏色後，再稍微修整。

8

新增【圖層】，用象牙白色畫出吻部的毛髮。由於此圖層會使用【剪切遮罩】，所以只需注意與臉的接觸處即可。

9

點選象牙白色圖層後，套用【剪切遮罩】，讓象牙白色圖層放進橘色身體圖層裡。

10

在尖耳上，畫出短線條表現耳朵細節。

11

新增【圖層】，畫出一對又圓又友善的眼睛。

12

用黑色畫出吻部末端的鼻子，再用曲線呈現微笑的嘴型。

13

新增【圖層】，用黑色畫出尾巴末端細節。若對位置不滿意，可以用【移動】工具調整。

14

在尾巴畫出白色毛髮，從容的狐狸即完成。

2. 萬獸之王獅子

我們一起來畫出這隻穩重的獅子，
牠的臉上掛著溫暖又仁慈的笑容。

色卡： 11 28 10

1

首先打草稿，畫出兩個
同心圓，這是頭部。

2

在頭部的左側，畫出橢
圓形的身體。

3

接著畫出尾巴和腿。

4

把草稿圖層的透明度調低，接著新增【圖層】，畫出獅子扁平的額頭。

5

繼續延伸線條，畫出獅子的下巴，完成一個倒三角形的臉型。

6

把臉部填滿顏色後，再稍微修整。

7

新增【圖層】於臉部圖層下方，用褐色畫出獅子的鬃毛。

8

新增【圖層】，畫出兩個耳朵。如果對位置不滿意，再利用【移動】工具調整。

9

新增【圖層】，用深一點的黃色，畫出鼓起的鼻樑。

10

新增【圖層】，畫出兩隻眼睛。

11

在鼻樑下方畫出半圓形的鼻頭，再畫出「⊥」字形的嘴巴。

12

新增【圖層】於嘴巴圖層下方，用淺一點的黃色畫出圓潤的吻部。

13

新增【圖層】於鬃毛圖層上方,用深一點的褐色畫出毛髮髮流,不需要畫得太整齊。

14

新增【圖層】,畫出扁圓的身體。

15

接續畫出獅子的腳。

16

再來畫出尾巴,尾巴要與身體連接。

17

手指長按以吸取鬃毛的褐色。

18

新增【圖層】,畫出尾巴末端的毛髮。因為尾尖跟尾巴的顏色不同,為了方便日後修改,所以另新增圖層繪製。

19

畫出兩條短短的線表現腳趾甲。

20

新增【圖層】,用深一點的黃色,畫出腿部重疊的線條,獅子完成!

3. 害羞的大象

這是一隻明明體格龐大，
卻很容易害羞的內向大象。

色卡： 08 18 10 23

1

首先打草稿構圖，畫出一個圓後，在兩側各再加上半圓。

2

在距離頭部遠一點處，定出鼻頭的位置。

3

將頭部和鼻頭連接，越往下要畫得越細。

4

用橢圓形粗略地畫出大象身體的位置。

5

畫出四隻腳和尾巴。

6

把草稿圖層的透明度調低，接著新增【圖層】畫出大象的臉。

7

把臉部填滿顏色後，再稍微修整。

8

以相同顏色畫出大象的鼻子。

9

把鼻子填滿顏色後，再稍微修整。

10

新增【圖層】，用淺一點的藍色畫出兩邊耳朵。

11

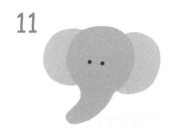

新增【圖層】，畫出大象不安的眼神。歪歪的圓形可以表現出小心謹慎的表情。

12

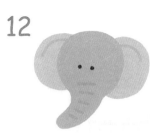

新增【圖層】，用深一點的藍色，畫出鼻子皺紋和耳朵線條。

13

新增【圖層】，用象牙白色畫出象牙。

14

新增【圖層】，在畫身體之前，可以先畫出腿部上端的身體線條，以便後續的繪製。

15

把剛才畫的線條連接至腿和身體。

16

填滿顏色後，再稍微修整，並畫出小巧玲瓏的尾巴。

17

新增【圖層】，用黑色在腳上畫出細節，大象就畫好了。

Lesson04 各種臉型的小狗

1. 莫名嚴肅的比熊犬

來畫一隻表情跟圓滾滾的外貌不搭、一臉嚴肅的比熊犬。

色卡： 17　20　19　 10　 12

1

首先打草稿，畫出一個大圓和一個扁圓。

2

接著畫出腿和尾巴。因為角度關係，只需畫出看得到的三條腿。

3

為了突顯比熊犬的白色毛髮，把背景顏色改成其他顏色，並把草稿圖層的透明度調低，以不妨礙繪圖為主。

4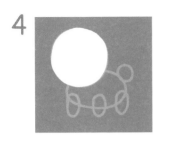

新增【圖層】畫出白色
的圓。

5

沿著圓形的邊緣畫出小
幅度的曲線，表現出軟
綿綿的毛髮。

6

新增【圖層】畫出身體
和尾巴。

7

在身體和尾巴邊緣加上
小幅度的曲線，表現出
蓬鬆的毛髮。

8

新增【圖層】於臉部圖
層上方，用淺灰色畫出
吻部。

9

吻部的部分也加上小幅
度的曲線。

10

新增【圖層】，畫出眼
睛、鼻子和嘴巴。

11

用吻部的顏色，在眼睛
上方畫出兩條又短又厚
的眉毛。

12

刪除草稿圖層後，新增
【圖層】於臉部圖層上
方，加上黃色蝴蝶結做
為亮點，嚴肅的比熊犬
即完成。

2. 活力滿滿的臘腸犬

這次要來畫出身體細長、神采奕奕的臘腸犬。
小狗的側面大同小異，差別只在大小而已，
幾乎都是圓圓的頭部再加上吻部。

色卡： 26 10

1

首先打草稿構圖，畫出圓圓的頭部和長吻。

2

畫出長長的身體。

3

畫出四條腿和尾巴。

4

把草稿圖層的透明度調低，新增【圖層】，用淺褐色畫出頭部和吻部。若要調整吻部的位置或大小，請另開圖層來畫。

5

新增【圖層】，畫出身體並上色，記得畫上凸出去的小腳。

6

新增【圖層】於頭部圖層上方，畫出頭部的黑色毛髮。

7

填滿顏色後，套用【剪切遮罩】，讓黑色毛髮放進頭部圖層裡。注意毛髮圖層要位於頭部圖層之上。

8

新增【圖層】，在吻部末端畫出鼻子和嘴巴。

9

由於頭部上方毛髮是黑色，為了讓眼睛更明顯，要用最深的黑色來畫出眼睛。

10

新增【圖層】，用更深的黑色畫出耳朵。

11

新增【圖層】，用淺褐色畫出眼睛上方的斑點。

12

接著要畫出身體的黑色毛髮，注意此圖層要在身體圖層上方。由於後續要使用【剪切遮罩】功能，所以畫超過身體也沒關係。

13

填滿顏色後，在黑色毛髮圖層上點選【剪切遮罩】。

14

刪除草稿圖層，神采奕奕的臘腸犬即完成。

3. 憨厚老實的法鬥犬

一起來畫出這隻呆萌可愛的法鬥犬，
牠頭上的尖耳朵和下垂吻部是重點。

色卡： 19 20 21

1

首先打草稿，畫出頭部和身體。

2

畫出四條腿後，把草稿圖層的透明度調低。

3

新增【圖層】，用淺灰色畫出一個扁平且有點棱角的臉型。

4

新增【圖層】，畫出與頭部相連的身體和腿。

5

把全身填滿顏色後，再稍微修整，接著刪除草稿圖層。

6

新增【圖層】於頭部圖層下方，用淺黑色畫出兩個尖耳。

7

新增【圖層】於頭部圖層上方，用淺黑色畫出臉上的花紋。

8

點選花紋圖層後，套用【剪切遮罩】，使此圖層放進頭部圖層裡。

9

新增【圖層】，用白色畫出兩個小圓。

10

用弧線將這兩個圓連接。

11

填滿顏色後，便完成下垂的吻部。

12

新增【圖層】，用黑色畫出眼睛和鼻子。

13

新增【圖層】，在眼睛周圍畫出圓形花紋。

14

新增【圖層】於身體圖層上方，畫出背部、臀部的花紋。

15

點選此花紋圖層後，套用【剪切遮罩】，使此圖層放進身體圖層裡。

16

新增【圖層】於下垂吻部圖層上方，畫出吻部細節；新增【圖層】於下垂吻部圖層下方，畫出嘴巴。

17

在脖子畫出項鍊，憨厚的法鬥犬即完成。

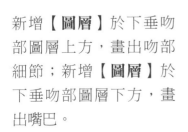

Lesson05 姿勢百變的貓咪

1. 縮成團的貓咪吐司

一起來畫出這隻折著雙手、蜷縮著身體的軟萌貓咪吐司。

色卡： 04 20 26 10 19

1

首先打草稿，畫出頭部、身體和腿。因為貓咪蜷縮著前肢，所以頭和身體要並排畫。

2

為了順利畫出尾巴，先畫一個小圓圈。

3

接著用曲線把身體和圓圈連接。

4

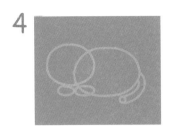

為了更好地呈現白貓，
改變背景顏色。

5

新增【圖層】，畫出頭
部和豎起來的耳朵。

6

新增【圖層】，畫出扁
圓的身體。

7

新增【圖層】，畫出兩
隻腳。

8

接著把空隙補滿，讓兩隻
腳和頭部相連。

9

新增【圖層】於頭部圖
層上方，用淺褐色畫出
臉部的花紋。

10

新增【圖層】，用黑色
在兩耳間畫一個圓。

11

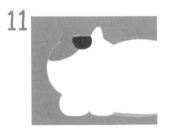

點選步驟 9 和 10 的圖
層，套用【剪切遮罩】，
讓花紋放進頭部圖層裡。

12

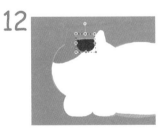

可以適當地調整尺寸和
大小，例如將黑色花紋
放在兩耳中間處。

13

新增【圖層】，畫出眼睛、三角形鼻子和「人」字形嘴巴。

14

用淺灰色畫出鬍鬚。

15

新增【圖層】於身體圖層上方，用淺褐色畫出臀部的大花紋。

16

再新增【圖層】，用黑色畫一個小花紋。

17

點選上兩個步驟的圖層，套用【剪切遮罩】，讓花紋放進身體圖層裡。

18

新增【圖層】於身體圖層下方，用淺褐色畫出尾巴。

19

用淺灰色畫出頭部和身體之間的分界線，以及折起來的雙手。

20

刪除草稿圖層，接著新增【圖層】，畫出蒸氣，貓咪吐司即完成。

2. 晚宴服帥氣貓咪

穿著晚宴服、耍帥裝酷的正經模樣，
一起試著畫畫看難得端正的帥氣小貓吧！

色卡： 19 20

1

首先打草稿，畫出略有棱角的頭部和身體。

2

接著畫出四條腿和波浪形的尾巴。

3

把草稿圖層的透明度調低，新增【圖層】，用淺灰色畫出頭部和耳朵。

4

新增【圖層】，畫出身體和腿。

5

接著在腿的末端，畫出粗短的腳。

6

參考尾巴的草圖，以波浪線條為中心，將線條加粗畫出尾巴。

7

新增【圖層】於頭部圖層上方，用黑色畫出頭部花紋。因為後續會使用【剪切遮罩】，只要注意與頭部接觸的部分即可。

8

點選花紋圖層，套用【剪切遮罩】，使花紋圖層放進頭部圖層裡。

9

新增【圖層】，用白色畫出吻部。

10

新增【圖層】，畫出眼睛和嘴巴。

11

新增【圖層】，用粉紅色畫出三角形鼻子。

12

新增【圖層】，畫出晚宴服花紋。注意晚宴服花紋圖層要在身體圖層上方。

13

將此圖層套用【剪切遮罩】，使晚宴服花紋圖層放進身體圖層裡。

14

新增【圖層】，畫出右側的晚宴服花紋。

15

將此圖層套用【剪切遮罩】，使晚宴服花紋圖層放進身體圖層裡。

16

新增【圖層】，畫出在脖子上的紅色蝴蝶結，晚宴服貓咪即完成。

3. 慵懶翻肚貓咪

翻著肚子、舒服地躺著睡覺的米色貓咪。
繪製時以圓形和曲線來表現牠軟 Q 的體態。

色卡： 23　25　10

1

首先打草稿,畫出圓形的頭部,並以曲線畫出身體。

2

在身體旁邊畫一個輔助圓形。

3

藉著這個圓形,用曲線畫出貓咪尾巴,再擦除輔助圖形。

4

把草稿圖層的透明度調低,新增【圖層】,用象牙白色畫出頭部。

5

新增【圖層】,畫出身體和後腿。

6

新增【圖層】於頭部圖層下方,用棕色畫出豎起的雙耳。

7

新增【圖層】於頭部圖層上方,在頭的兩側用棕色畫出花紋。

8

點選圖層並點擊【剪切遮罩】,使花紋放進頭部圖層裡。

9

新增【圖層】,在吻部的地方畫出兩個圓和一個扁圓。

10

新增【圖層】，畫出眼睛、鼻子和嘴巴。如果畫起來不順手，可以用兩根手指調整畫面方向。

11

畫出兩條短線，就會表現出閉眼的貓咪。

12

新增【圖層】，畫出背部、臀部的花紋。注意花紋圖層要在身體圖層的上方。

13

點選化紋圖層，套用【剪切遮罩】，使花紋圖層放進身體圖層裡。

14

新增【圖層】，畫出貓咪尾巴。

15

新增【圖層】，用深一點的象牙白色畫出兩隻前腳、頭部與身體間的分界線。

16

新增【圖層】，用更深一點的象牙白色畫出指甲，翻肚貓咪即完成。

Chapter 5

/

畫出每天的
日常風景

填滿我們每一天的平凡愜意生活，
都可以成為很棒的繪圖素材。
在本章中，一起將日常跟溫暖的感性融合，
畫出身邊熟悉的人事物景色。
結合前幾章節學到的繪畫技巧，
把專屬的日常風景生動地描繪出來吧！

遛狗的早晨

在寧靜的早晨，和狗狗出門散步的樣子，
雖然看似平凡，但實則愜意又溫馨。
跟著以下步驟慢慢地繪製，
就可以在不知不覺中完成漂亮的作品。

尺寸 200mm×200mm

解析度 300dpi（可以自訂）

1. 構圖草稿

1

先在畫布偏右側的位置，畫出頭部和身體的骨架。

2

畫手臂時，讓左手臂稍微彎曲，右手臂則是打直。

3

畫出筆直的雙腿。

4

畫出小狗的骨架，再用線條將手和小狗連接。

2. 藍色外套女子

色卡： 21 11 10 18 15 26

1

把草稿圖層的透明度調低，接著新增【圖層】，用粉紅色畫出臉蛋並塗滿顏色。

2

新增【圖層】，用黃色畫出「ㄟ」字形的瀏海。

3

新增【圖層】，畫出馬尾髮型。因為圖層分開，可以調整至滿意的位置。

4

新增【圖層】，畫出眼睛、鼻子和嘴巴。因為人物正往左走，所以要讓鼻子朝向左邊。

5

新增【圖層】，畫出耳朵。左邊耳朵會被臉遮住，可以畫少一點。

6

新增【圖層】於臉蛋圖層下方，畫出衣服。

7

新增【圖層】，用比上衣淺一點的顏色，畫出衣服上的圓點。

8

新增【圖層】，用比上衣深一點的顏色，畫出口袋、鈕釦，也畫出手臂和身體重疊的線條。

9

新增【圖層】，畫出兩隻手。

10

新增【圖層】於上衣圖層下方，畫出褲子。

11

用比褲子深一點的顏色，畫出褲子的口袋細節。

12

新增【圖層】於褲子圖層下方，畫出兩隻腳。

3. 小狗和草叢

色卡： 25 28 10 29 03

1

新增【圖層】，畫出小狗。

2

填滿顏色後，再稍微修整。

3

新增【圖層】，用褐色畫出耳朵，再用黑色畫出眼睛、鼻子和嘴巴。

4

新增【圖層】，用紅色畫出項圈，再用灰色連接項圈和人物的手。

5

在左上方、右下方的空白處畫出草叢，填滿顏色後，再稍微修整。

6

最後將背景顏色換成淺米黃色，這幅「遛狗的早晨」即完成。

⌊Lesson02⌋ 騎腳踏車買麵包

騎著腳踏車去購買剛出爐的麵包，
已經等不及要享用這些充滿香氣又美味的食物。
只要完成骨架的草稿，即便姿勢再怎麼複雜，
依舊能輕鬆完成一幅完整的畫作。

尺寸 200mm×200mm

解析度 300dpi（可以自訂）

1. 構圖草稿

1

畫出兩個圓，並在中心畫一個點，這會是腳踏車的車輪。

2

分別從圓的中心點畫出斜線，前輪的斜線要畫得長一點。

3

用斜著的「Z」字形，連接左邊的點和右邊的斜線。

4

在右邊畫一條斜線，接著用直線畫出座墊和後貨架，也畫出車子把手。

5

新增【圖層】，畫出頭部和身體。因為圖層分開，畫完後可以再調整至適當位置。

6

畫出側面的手和腿，手臂畫成「L」字形，腿則畫成「ヘ」字形。

2. 腳踏車

色卡： 10 02 18 08 28

1

把骨架圖層的透明度調低，接著新增
【圖層】，用黑色畫一個圓形。

2

畫出圓形後，可以運用【移動】工
具，讓複製的圓形縮小一點，使車輪
看起來更厚實。

3

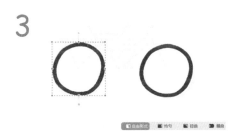

接著使用【複製】功能，將車輪圖層
複製，並將複製的圖層移至左邊。

4

新增【圖層】，參考草圖畫出腳踏車
的骨架。

5

新增【圖層】於車輪圖層下方，用亮
灰色畫出車輪輻條。首先畫出十字。

6

接著在每一塊裡，各加上兩條線，這
樣更容易繪製。

7

右邊車輪也畫上輻條。

8

新增【圖層】，用灰色畫出腳踏車的鏈條和把手。

9

新增【圖層】，用褐色畫出座墊，再用黑色在鏈條前方畫出踏板。

10

新增【圖層】，用亮灰色畫出腳踏車的籃子和後座。

3. 人、貓與麵包

色卡： 22　30　25　10　17　04　23　27　08

1

新增【圖層】，畫出人物的頭部。

2

新增【圖層】，用灰土色畫出花生形狀的頭髮。因為人物有戴帽子，所以頭髮中間空著沒關係。

3

新增【圖層】，畫出棕色的帽子。

4

新增【圖層】，畫出眼睛、鼻子和嘴巴。因為正往右邊騎去，所以讓鼻子朝向右邊。

5

新增【圖層】，畫出灰藍色的上衣。

6

填滿顏色後，再稍微修整，並畫出側面的手臂。

7

新增【圖層】，畫出手正握著腳踏車把手的樣子。

8

新增【圖層】，用比上衣深一點的顏色，畫出手臂和上衣重疊的線條，也畫出口袋。

9

新增【圖層】，畫出綠色的圍巾。

10

新增【圖層】於上身圖層下方，畫出褲子。

11

新增【圖層】，畫出踩著踏板的腳。

12

新增【圖層】，用象牙白色把籃子上色，再畫出法國麵包。

13

新增【圖層】，用灰色畫出貓咪的頭和身體。

14

新增【圖層】，畫出白色的吻部。

15

接著畫出眼睛和鼻子。因為空間小，所以簡單地呈現即可。

16

新增【圖層】，畫出黃色圍巾。

17

角色的形象即完成。

18

更換背景顏色，再加上白色雪花，就能完成一幅更豐富的畫作喔！

Lesson03 我的書桌一隅

大家的書桌上都有哪些東西呢？
每天都看到的物品也能是有趣的繪圖素材。
這次要畫的是在書桌上可以見到的物品們。

尺寸 280mm×200mm

解析度 300dpi（可以自訂）

WHAT'S ON MY DESK

1. 筆記本

色卡：14　20　23　10

1

利用多個矩形打草稿，
畫出筆記本和夾在裡面
的紙張。

2

新增【圖層】，用天藍
色畫出筆記本封面。

3

新增【圖層】，用白色
在封面上畫出小方塊。

4

新增【圖層】於筆記本
圖層下方，用象牙白色
畫出夾住的紙張。

5

接著用深一點的象牙白
色畫出橫線。

6

新增【圖層】，用黑色在
白色方塊寫上「NOTE」
字樣，再畫一些線條增
加細節，筆記本即完
成。選取所有圖層並組
成群組。

2. 墨水瓶

色卡： 10 08 20

1

利用矩形打草稿，畫出墨水瓶和瓶蓋。

2

新增【圖層】，畫出圓角矩形的墨水瓶。

3

填滿顏色後，再稍微修整，也畫出瓶口。

4

新增【圖層】後，用灰色畫出圓角矩形的瓶蓋。

5

用比瓶蓋深一點的顏色，在瓶蓋上畫出線條，表現細節。

6

新增【圖層】後，寫上「ink」字樣和外框，墨水瓶即完成。選取所有圖層並組成群組。

3. 色鉛筆

色卡： 29 24

1

利用四角形和三角形打草稿，畫出色鉛筆。

2

新增【圖層】，用紅色畫出筆身。

3

新增【圖層】，畫出鉛筆上下的三角形和圓形。

4

新增【圖層】，畫出上下方的筆芯，色鉛筆即完成。選取所有圖層並組成群組。

4. 長尾夾

色卡： 05 08

1

新增【圖層】，用綠色畫出圓角矩形。

2

新增【圖層】，用灰色在矩形中央畫出兩條相對的斜線。

3

用圓形相連這兩條斜線，長尾夾即完成。選取所有圖層並組成群組。

5. 紙膠帶

色卡： 12 25

1

先用黃色畫出甜甜圈的形狀。

2

填滿顏色後，再稍微修整形狀。

3

新增【圖層】，用土黃色表現軸芯，紙膠帶即完成。選取所有圖層並組成群組。

6. 咖啡杯

色卡： 18　20　**27**　23

1

利用四角形打草稿，畫出杯身。

2

以四角形的上邊為中心線，畫一個橢圓，並在右邊畫半圓表現手柄。

3

新增【圖層】，用亮灰色畫出咖啡杯。杯身越往下，越往內縮。

4

填滿顏色後，再畫出手柄。上色時，仔細地把空隙填滿。

5

新增【圖層】，用白色畫出圓形，表現咖啡杯內部。

6

新增【圖層】，用紅褐色畫出咖啡。

7

點選咖啡圖層，並套用【剪切遮罩】，把咖啡放進咖啡杯內部。請注意咖啡杯內部圖層要在咖啡圖層的下方。

8

新增【圖層】，用象牙白色畫出杯身花紋。

9

新增【圖層】，用波浪線條表現熱氣，咖啡杯即完成。選取所有圖層並組成群組。

7. 護手霜

色卡： 07　19 10

1

先打草稿，畫一個越往上、越內縮的梯形。

2

新增【圖層】，用粉紅色畫出護手霜主體，填滿顏色並修整。請把棱角部分畫成圓角。

3

新增【圖層】，用灰色在上方畫出扁四角形。

4

點選灰色圖層，套用【剪切遮罩】，把灰色四角形放入粉紅色護手霜裡。

5

新增【圖層】，用深一點的粉紅色，在下端畫出扁平四角形。

6

新增【圖層】，用黑色畫出四方形蓋子。

7

新增【圖層】，畫出護手霜的名稱和介紹。

8

因為空間很小，所以可以畫好後，再配合護手霜的大小進行調整。

9

護手霜即完成。選取所有圖層並組成群組。

8. 剪刀

色卡： 08 01

1

先打草稿，畫出一個
「X」字形。

2

畫出兩個圓形，定出握
把位置。

3

新增【圖層】，參考草
圖用灰色畫出「X」字形
的刀刃。

4

把「X」字形加粗。

5

新增【圖層】，用橘色
畫出握把。參考草圖加
粗圓形的線條，也畫出
刀片連接處。

6

新增【圖層】，在「X」
字形重疊處畫出一個
點，接著刪除草稿圖
層，剪刀即完成。選取
所有圖層並組成群組。

9. 鉛筆筒

色卡：

1

畫出一個越往下、越內縮的四角形。

2

把四角形填滿顏色後，再稍微修整。

3

新增【圖層】，用比筆筒淺一點的顏色畫出橫線細節。

4

新增【圖層】於筆筒圖層下方，畫出呈斜著的筆蓋，也可以先畫出四角形，再改變角度。

5

新增【圖層】，畫出亮灰色的四角形。

6

用比四角形深一點的顏色畫出刻度，完成尺的樣子。

7

新增【圖層】，畫出黃色的文具，筆筒即完成。選取所有圖層並組成群組。

• 把所有圖案集結並加上文字，完成一幅完整的圖畫！

在畫布上，把所有的圖案擺放至喜愛的位置吧！因為有先把各個圖案組成群組，所以可以輕鬆地調整大小和位置，你可以把它們端正排列，也可以調整角度、大小，並在下方加上文字。光是書桌的一隅，也能化身成一幅帥氣的畫作！

Lesson04 閒暇的假日時光

在某個晴朗的日子，坐在咖啡廳裡悠閒看書。
這次我們會在背景加入更多元素，
完成一幅更完整和豐富的畫作！

尺寸 200mm×200mm

解析度 300dpi（可以自訂）

1. 構圖草稿

1

在畫布的左下方，定出頭部和身體。

2

畫出彎曲的左手臂。

3

畫出書本，也大略地定出右手位置。

4

用「ㄟ」字形畫出坐著的雙腿。

5

接著畫出沙發，若是不滿意畫出來的
位置，可以之後一邊上色一邊調整。

6

在後方畫出一條橫線和一條直線。

7

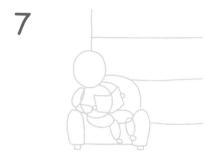

再畫兩條橫線，作為窗格。

8

再畫四條直線，窗戶草稿即完成。

9

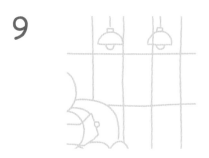

定出在天花板的兩座吊燈的位置。

10

再畫出一張桌子。

11

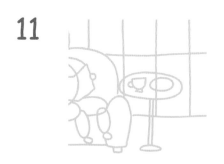

在桌子上粗略地畫出咖啡和盤子。

12

最後畫出窗外的兩棵綠樹，全圖的草稿即完成。

2. 躺在沙發上的女子

色卡： 22　11　**10**　20　21　25　16　28　19

1

把草稿圖層的透明度調低，接著新增【圖層】，畫出臉蛋。

2

把臉蛋上色後，接著新增【圖層】，畫出身體和手臂。

3

暫時隱藏身體圖層，接著新增【圖層】，畫出書籍。

4

把書本塗滿顏色後，再稍微修整。

5

顯示身體圖層並上色，接著新增【圖層】，畫出拿著書本的雙手。

6

新增【圖層】，用深一點的黃色，畫出重疊的手臂線條。再新增【圖層】，用白色畫出書籍內側的扉頁。

225

7

新增【圖層】，參考草圖畫出褲子。

8

填滿顏色後，再稍微修整。

9

新增【圖層】，用比褲子深一點的顏色，畫出重疊的腿部線條，並在書背也加入線條。再新增【圖層】，畫出雙腳。

10

新增【圖層】，畫出瀏海。

11

填滿顏色後，再稍微修整。

12

新增【圖層】於臉蛋圖層下方，畫出後方短髮。

13

新增【圖層】，畫出眼睛、鼻子、嘴巴和耳朵。

14

新增【圖層】，用比衣服淺一點的黃色畫出衣服花紋。

15

選取目前的所有圖層，組成群組。

16

新增【圖層】於群組下方，用藍色畫出沙發。

17

把沙發上色並修整。再新增【圖層】，畫出沙發腳。

18

新增【圖層】，用比沙發深一點的顏色，畫出沙發的線條。

19

新增【圖層】，用比沙發淺一點的顏色，畫出格子花紋。

20

用淺灰色畫出地面。坐在沙發的看書少女即完成。

3. 窗外風景和燈

色卡：06 **10** 08 12 03 20
24 **27** 25 23 **29**

1

新增【圖層】，畫出窗外的天空。

2

可以把草稿圖層移至最前面，以免被遮住。新增【圖層】，畫出窗框和橫向窗格，並將窗框畫得厚一點。

3

接著畫出直向窗格。

4

新增【圖層】，用半圓和四角形畫出燈罩。

5

填滿顏色後，再稍微修整。

6

新增【圖層】，畫出吊燈線和燈泡。

7

新增【圖層】於窗框圖層下方，畫出
兩棵綠樹。

8

填滿顏色後，再稍微修整。

9

新增【圖層】，畫出雲朵。

10

填滿顏色後，再稍微修整。

4. 桌子和下午茶

1

新增【圖層】，畫出桌子線條。

2

填滿顏色後，再稍微修整。

3

新增【圖層】，畫出桌子上的杯子和
盤子。

4

塗滿顏色後，再稍微修整。

5

新增【圖層】，畫出咖啡。

6

新增【圖層】，在盤子上畫出蛋糕。

7

這幅充滿細節的「閒暇的假日時光」
即完成。

Chapter 6

/

走到哪畫到哪！
旅行繪畫記錄

將自己看見的人、物、景色勾勒出來，
以繪圖記錄旅遊回憶，完成一幅幅別具意義的畫作。
在這個章節裡，我們會進一步使用前面學過的技巧，
活用構圖來創造不同角色，畫出各式旅人與景點，
還有和動物們一同露營的景象！

Lesson01 美國西部公路旅行

第一位是頭髮濃密的可愛旅人。
來畫一幅駕駛著紅色敞篷車，
愉快地奔馳在廣闊美國西部公路上。

尺寸 A4

解析度 300dpi（可以自訂）

1. 紅色敞篷車

色卡：

1

先打草稿，利用圓形構圖，定出車輪和車燈，並畫出汽車的骨架。

2

畫出汽車上的人物，草稿即完成。

3

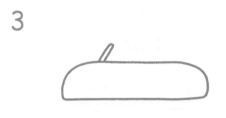

新增【圖層】，畫出汽車側面。上方是圓角，下方則畫得趨近直角。

4

填滿顏色後，再稍微修整。

5

新增【圖層】，畫出車輪。

6

填滿顏色後，再稍微修整，若對位置不滿意，可以適當地調整。

7

新增【圖層】，畫出車輪內部輪框。

8

新增【圖層】，用深一點的紅色畫出車頭燈。

9

新增【圖層】，用黃色畫出車燈。

10

新增【圖層】，用灰色在前後各畫出四角形的保險桿。

11

新增【圖層】於所有汽車圖層下方，畫出方向盤和座椅。

12

新增【圖層】於所有汽車圖層上方，用深一點的紅色畫出線條，表現車門的範圍，汽車即完成。

2. 開車的女子

色卡： 22 14 23 10 02

1

新增【圖層】於所有汽車圖層下方，
畫出臉蛋。

2

用天藍色畫出無袖的上衣。

3

新增【圖層】於衣服圖層下方，畫出
左手臂。

4

新增【圖層】於所有汽車圖層上方，
畫出伸出車外的右手臂。

5

新增【圖層】於衣服圖層上方，用象
牙白色畫出衣服的圓點花紋。

6

點選圓點圖層，套用【**剪切遮罩**】，
把圓點花紋放進大藍色上衣裡。

7

新增【圖層】於臉蛋圖層上方，畫出眼睛、鼻子和嘴巴。

8

新增【圖層】，畫出耳朵。左耳因為會被臉擋住，稍微畫一點即可。

9

為了呈現隨風飄逸的頭髮，新增【圖層】後，先畫圓形來做輔助。

10

用內凹曲線把多個圓形連接，形成封閉曲線。

11

新增【圖層】，依輔助線畫出頭髮並上色，再稍微修整。

12

駕著汽車的旅人即完成。

3. 美國公路背景

色卡：08 13 16 20 29 10

1

將背景顏色更換成米色。

2

新增【圖層】，用灰色畫出山脊。

3

把圖層的透明度調至15%，讓山脊顯得模糊，表現遙遠的感覺。

4

新增【圖層】，用淺綠色畫出兩個仙人掌。

5

填滿顏色後，再稍微修整。

6

新增【圖層】，用稍微深一點的綠色，畫出仙人掌的刺。

7

接著在左側空白處畫標誌。新增【圖層】，先畫出上半部分。

8

用曲線把標誌下半部分也畫出來。

9

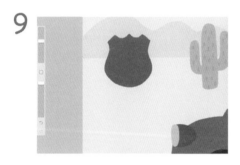

填滿顏色後，再稍微修整。

10

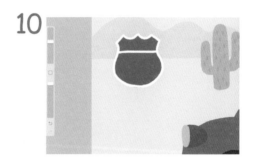

新增【圖層】，畫出白色邊框。

11

新增【圖層】，寫出「ROUTE 66」的字樣。

12

若筆刷太厚，寫出來的字偏大，可以利用【選取】工具把字縮小。

13

新增【**圖層**】於文字圖層下方，用紅色填滿標誌上半部。

14

新增【**圖層**】於標誌圖層下方，畫出柱子。

15

可以再使用【**移動**】工具調整尺寸、大小或位置。這幅「美國西部公路旅行」即完成。

Lesson02 北歐小物與旅人

出去旅行一定會有很多印象深刻的事情吧？
我把去北歐旅行時遇到的人事物畫了下來，
大家也可以看著旅遊照片，畫出美好回憶喔！

尺寸 200mm×200mm

解析度 300dpi

1. 牛奶盒

去逛北歐超市時，都會看到的燕麥奶。

컬러칩： 18　20　**10**　19

1

用淺灰色畫出棱角分明的四角形。

2

用橡皮擦把四個角削圓成圓角矩形。橡皮擦用跟畫圖時一樣的筆刷形狀，這樣就可以擦得很自然。

3

新增【圖層】，用白色畫出「OAT」字樣。O和 A 分別畫出圓形和三角形。

4

新增【圖層】，用黑色畫出「LY!」字樣。

5

新增【圖層】，畫出白色箭頭和黑色品牌標誌。

6

新增【圖層】，畫出吸管，燕麥奶即完成。

2. 護唇膏

這是我在斯德哥爾摩買的護唇膏。

色卡： 23 ⬤10 ⬤18

1

用象牙白色畫出長條的四角形。

2

用橡皮擦擦掉右邊的兩個角，呈現圓角。

3

新增【圖層】，用深一點的象牙白色，在左端畫出圓角矩形，在右邊則畫出一條線表現蓋子。

4

用比步驟 3 再深一點的顏色畫出線條，表現護唇膏的細節。

5

新增【圖層】，寫上護唇膏名稱。因為尺寸大小可以再調整，所以可以隨意地寫。

6

新增【圖層】，用淺灰色畫出線條。

7

選取以上兩個圖層，使用【移動】工具調整大小，並移動至左側區域。

8

護唇膏即完成。

3. 海鷗

這是在赫爾辛基地區常見的可愛海鷗。

色卡： 19 08 10 12 28

1

用淺灰色畫出頭部和身體，讓頭和身體連接處重合。

2

把海鷗填滿顏色後，再稍微修整。

3

新增【圖層】，用亮灰色畫出翅膀。

4

把翅膀填滿顏色後，再稍微修整。

5

新增【圖層】，用黑色畫出翅膀尖端的毛髮。

6

填滿顏色後，用相同顏色畫出眼睛。

7

新增【圖層】，用黃色畫出喙，再用褐色畫出腿，海鷗即完成。

4. 香菇

這是在樹林裡很容易發現的不知名野菇。

色卡: 01 20 30

1

用橘色畫出菇傘並塗滿顏色。

2

新增【圖層】，用象牙白色畫出野菇的細節。

3

用米色畫出菇柄，野菇即完成。

5. 肉桂捲

肉桂捲是北歐人經常享用的點心。

色卡: 25 27 20

1

用褐色畫出圓形，並讓圓的邊緣呈現凹凸不平的樣子。

2

新增【圖層】，用紅褐色畫出螺旋曲線。

3

新增【圖層】，畫出白點表現細節，肉桂捲即完成。

6. 巧克力

這是被譽為芬蘭國民巧克力的「Fazer 巧克力」。

色卡： 16 14 12

1

用藍色畫出圓角矩形。

2

填滿顏色後，畫出兩側的包裝紙。

3

新增【圖層】，用天藍色在兩端畫出又長又粗的線條。

4

在此圖層套用【剪切遮罩】，把天藍色圖層放進包裝紙裡。

5

新增【圖層】，用黃色寫出「Karl Fazer」。

6

使用【移動】工具，調整字樣大小並擺放至包裝紙中間。

7

巧克力即完成。選取所有圖層，組成群組。

8

複製巧克力群組，將這兩個巧克力以不同角度擺放。

9

Fazer 巧克力即完成。

7. 腳踏車

哥本哈根的人們經常騎乘綠色腳踏車四處穿梭。

色卡： 10 18 04 05 27 08

1

畫出兩個圓形後，再正中央畫一個點，定出中間處。

2

畫出斜四角形，其中有一角與左邊圓點相連。

3

畫出斜度相同的兩條斜線，其中一條與右邊圓點相連。

4

新增【圖層】，用黑色畫出車輪。

5

新增【圖層】於車輪圖層下方，用亮灰色畫出「十」字形。

6

以「十」字為基準，每塊都加上兩條線，畫出輻條。

7

新增【圖層】於車輪圖層上方，按照草圖畫出自行車的骨架。

8

新增【圖層】，在前輪上方加上曲線。

9

畫出後輪的擋泥板。

10

用深一點的綠色在兩個
車輪中央畫出圓形。

11

新增【圖層】，用紅褐
色畫出座墊。

12

新增【圖層】於車輪圖
層上方，畫出鏈條。

13

新增【圖層】，畫出腳
踏板。

14

新增【圖層】，畫出龍頭
和把手的部分，腳踏車即
完成。

8. 小木屋

在挪威常見的紅色特別小木屋。

色卡： 29 10 23

1

用四方形和三角形畫出
小木屋的骨架。

2

把小木屋填滿顏色後，
再稍微修整。

3

用深一點的紅色畫出小
木屋的橫線。

4

新增【圖層】，畫出三
個窗戶。

5

新增【圖層】，用象牙
白色畫出窗格。

6

用象牙白色畫出一道
門，也沿著屋頂形狀畫
上厚厚的線條。

7

新增【圖層】，用黑色
畫出屋頂。

8

接續畫出煙囪、圓形門
鎖，小木屋即完成。

9. 鯖魚罐頭

在挪威隨處可見的罐頭就是「鯖魚罐頭」。

色卡：12 29 23 16 06 10 15 20

1

畫出有棱有角的四角形。

2

把四角形填滿顏色後，再稍微修整。

3

用橡皮擦把角削成圓角。橡皮擦用跟畫圖時一樣的筆刷形狀。

4

新增【圖層】，在黃色圓角矩形中，沿著四個邊畫出四條線。

5

把這四條線用圓角連接。

6

新增【圖層】，用紅色畫出倒三角形。

7

新增【圖層】，用象牙白色畫一條魚並上色。

8

新增【圖層】，用藍色畫出鯖魚藍色的背。

9

點選圖層，套用【剪切遮罩】，把藍色圖層放進魚的圖層裡。

10

新增【圖層】，用天藍色在鯖魚身上畫出波浪紋路。

11

新增【圖層】，畫出眼睛和嘴巴。

12

新增【圖層】，用藍色在兩端分別畫出「＞」和「＜」。

13

用直線連接兩端，即完成絲帶形狀。

14

把絲帶填滿顏色後，再稍微修整。

15

新增【圖層】，用白色寫出「stabbur-makrell」字樣。

16

使用【移動】工具調整大小，並把文字放入絲帶裡。

17

新增【圖層】，在罐頭左側畫出緊貼的正圓和橢圓。

18

幫這兩個圓加上邊框，形成拉環，鯖魚罐頭即完成。

10. 揹著相機的旅人

這是一位把相機掛在脖子上、愉快地旅遊的旅人。

色卡：

1

畫出人物的基本骨架。

2

把草稿圖層的透明度調低，接著新增【圖層】，用淡粉紅色畫出臉蛋。

3

新增【圖層】，用棕色畫出頭髮。

4

把頭髮填滿顏色後，再稍微修整。

5

新增【圖層】，畫出眼睛、鼻子和嘴巴。

6

新增【圖層】，用藍色畫出帽子。

7

新增【圖層】於臉蛋圖層下方，用天藍色畫出上衣。

8

把上衣填滿顏色後，再稍微修整。

9

新增【圖層】，用淺一點的天藍色畫出上衣的條紋。

10

新增【**圖層**】，畫出兩隻手。

11

新增【**圖層**】於 T 恤圖層下方，畫出短褲。

12

新增【**圖層**】，畫出兩條腿。

13

新增【**圖層**】，用黑色畫出鞋子。

14

新增【**圖層**】於 T 恤圖層上方，用灰色畫出雙肩上的包包背帶。

15

新增【**圖層**】於 T 恤圖層下方，畫出包包。

16

新增【**圖層**】，用黑色畫出方塊，再用白色畫出圓形。

17

新增【**圖層**】，用亮灰色在圓形加上邊框，再用黃色畫出閃光燈。

18

新增【**圖層**】於相機圖層下方，用紅色畫出相機掛繩即完成。

• 調整大小和位置

將完成的各種圖案，適當地調整大小和角度，讓它們都順利地進入同一個畫布裡。

用手寫字補滿下方空白處。

Lesson03 當地麵包店巡禮

去國外旅行時都會去各家麵包店裡逛逛，
我們一起來畫出飄散著香氣的麵包店，
也畫出愜意地散步的在地居民和小狗吧！

尺寸 260mm×220mm

解析度 300dpi

1. 複合式麵包咖啡店

色卡： 16 10 24 22 01 28 20
27 26 25 08 12 04

1

在畫布中間畫出大四角形後，在上端畫出屋簷。

2
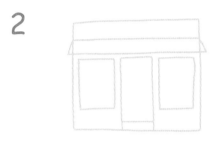
分別在兩側畫出窗戶，並在中間畫一道門。在門的下方畫一條線，增添立體感。

3

新增【圖層】，用藍色將四角形整體上色，並在下方留一個缺口。

4

新增【圖層】，用深一點的藍色畫出屋頂。可以將草稿圖層移至藍色圖層之上做參考。

5
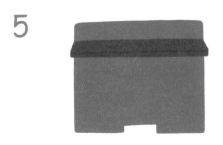
填滿顏色後，用比屋頂深一點的顏色畫出線條。

6
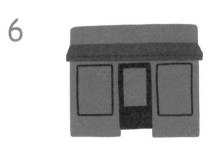
新增【圖層】，用黑色畫出左右側的窗框和門口。

7

新增【圖層】於窗框、門口圖層下方，用亮灰色把三個四角形上色。

8

新增【圖層】於窗框、門口圖層上方，畫出幾個不同的四角形，表現門牆的細節。

9

新增【圖層】，用米色畫出招牌，並寫上咖啡廳名稱。

10

新增【圖層】，在右側的窗框畫出臉蛋並上色。

11

新增【圖層】，畫出頭髮、眼睛、鼻子和嘴巴。由於人物的尺寸小，所以不用表現太多細節。

12

新增【圖層】於窗框圖層下方，畫出身體和桌子。

13

新增【圖層】，畫出咖啡杯。

14

用三角形和圓形畫出吊燈，人物部分即完成。

15

新增【圖層】，用亮灰色畫出兩條厚厚的線條。

16

新增【圖層】，畫出斜放的法國麵包，再用咖啡色畫出三條線。這部分也很小，所以儘量省略細節。

17

新增【圖層】，用淺褐色畫出斜放的圓麵包。

18

複製先前畫好的吊燈圖層，並移動至左邊窗戶，麵包陳列台即完成。

19

新增【圖層】，用白色填滿窗框。

20

點選圖層，把透明度調至30%。

21

新增【圖層】，用白色畫出幾條斜線，呈現玻璃窗戶反射的感覺。

22

新增【圖層】，在右邊窗戶寫上「café」字樣。

23

新增【圖層】，用灰色畫出花盆。

24

用深一點的灰色畫出花盆細節。

25

新增【圖層】，畫出植物。

26

複合式麵包咖啡店即完成。選取所有
圖層，組成群組並取消勾選，暫時隱
藏起來。

2. 正在遛狗的居民

色卡： 27 12 10 20 23
08 14 25 28 29

1

畫出人物的骨架，呈現往右走的手臂和腿。

2

在右邊也畫出小狗的骨架。

3

把草稿圖層的透明度調低，接著新增【圖層】，畫出臉蛋。

4

新增【圖層】，畫出黃色的丸子頭。

5

新增【圖層】，用白色畫出眼鏡鏡框。因為人物是往右走，所以要把眼鏡畫得稍微偏右。

6

新增【圖層】於鏡框圖層下方，用黑色畫出鏡片、鼻子和嘴巴。

7

新增【圖層】，用象牙白色畫出帽 T。先畫上衣，再畫帽子。

8

新增【圖層】，畫出手臂。因為人物 不大，所以只要畫出三根手指頭。

9

新增【圖層】，用灰色畫出短褲，並 用深一點的灰色在重疊處畫出線條。

10

新增【圖層】，畫出正在行走的雙 腿，腳的方向要朝向右邊。

11

新增【圖層】，畫出鞋子。緊貼著腳 底畫一條線，腳趾處則要畫得厚實。

12

新增【圖層】，用棕色畫出小狗。

13

新增【圖層】，用褐色畫出耳朵。

14

用象牙白色畫出吻部。

15

新增【圖層】，畫出眼睛、鼻子和嘴巴。如果對位置不滿意，可以使用【移動】工具調整。

16

新增【圖層】，畫出紅色項圈和灰色鏈子，散步的居民與狗狗即完成。選取所有圖層，組成群組。

17

把先前畫好的麵包店群組重新顯示，接著調整居民群組的位置和大小。

18

這幅元素豐富的「當地麵包店巡禮」畫作即完成。

Lesson04 歐洲的街頭藝人

這是我在歐洲旅行途中，遇到的兩位街頭表演者。
當有過多的元素都在同一個畫布上時，圖層可能會不夠，
所以這次會把圖案畫在不同畫布上，最後再將圖案整合，
這樣便能順利地完成繪製。

尺寸 280mm×210mm

解析度 300dpi

1. 性格音樂家

色卡： 22 11 10 02 20 05 27 25
28 23 09 08 01 29 15

1

更換背景顏色後，畫出頭部和身體，再畫出手臂關節。左手是彎曲的樣子，右手則是握著吉他。

2

用扁平的圓形畫出臀部，再畫出膝蓋以下的腿部骨架。

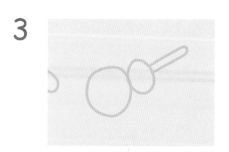

3

在人物旁邊畫出吉他骨架。畫出一大一小的圓形，再畫出延伸的長柄。

4

使用【移動】工具，調整角度或大小，將吉他移至人物的身體前方。

5

把草稿圖層的透明度調低，接著新增【圖層】，畫出臉蛋並上色。

6

新增【圖層】，用黃色畫出瀏海和偏方型的額頭線條。

7

把頭髮上色後，接著新增【圖層】，
畫出耳朵。

8

新增【圖層】於臉蛋圖層下方，畫出
後面頭髮和包包頭。

9

新增【圖層】，畫出眼睛、鼻子和嘴
巴。鼻子和嘴巴之間要隔出一點距
離，空出鬍鬚的位置。

10

新增【圖層】，畫出鬍子。

11

新增【圖層】，用橘色畫出額頭上的
髮帶。

12

新增【圖層】，用白色畫出上衣，袖
子會落在骨架關節處。

13

填滿顏色後，再稍微修整。

14

新增【圖層】，畫出手臂。若骨架草稿被擋住，可以調整骨架圖層位置。

15

新增【圖層】，畫出褲子，要表現出臀部和膝蓋輪廓。

16

填滿顏色，再稍微修整。

17

新增【圖層】於褲子圖層下方，畫出腿和腳。

18

新增【圖層】，畫出一雙形狀簡單的涼鞋。

19

把骨架圖層移至衣服上方，以便後續
順利畫出吉他。

20

新增【圖層】，按照骨架畫出吉他的
琴身。

21

再用內凹的曲線連接。

22

填滿顏色後，再稍微修整。

23

新增【圖層】，用黑色畫出圓圈和線
條，增添吉他的細節。

24

新增【圖層】，畫出琴頸和琴頭。

25

新增【圖層】，用象牙白色在琴頸畫出線條。

26

新增【圖層】，用象牙白色畫出四條琴弦。因為要畫出細線不容易，所以先在旁邊畫出四條線。

27

使用【移動】工具調整大小、角度和位置，放在琴頸和黑色圓圈的中間。

28

新增【圖層】，用五顏六色的圖形裝飾吉他。

29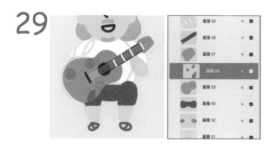

在此圖層套用【剪切遮罩】，把吉他裝飾圖層放進琴身裡。

30

選取所有圖層，組成群組。

31

新增【圖層】，畫出麥克風架。

32

新增【圖層】，畫出麥克風。

33

新增【圖層】，畫出四角形的音箱。

34

新增【圖層】，畫出橘色和褐色的音箱區塊。

35

新增【圖層】，畫出裝飾線條。

36

新增【圖層】，畫出麥克風與音箱連接的電線。

37

選取麥克風和音箱的所有圖層,組成
群組,並移動至適當位置。

38

性格音樂家即完成。

2. 手風琴演奏家

色卡：26 10 11 21 29 18
20 06 24 09 02

1

畫出人物骨架，左手握著手風琴，右
手彎曲彈奏鍵盤，雙腿則畫成直挺的
樣子。

2

新增【圖層】，用棕色畫出臉蛋並塗
滿顏色。

3

新增【圖層】，用「厂」字形定山瀏
海和側邊頭髮的位置。

4

新增【圖層】，按照輔助線畫出頭髮
波浪形狀。

5

剩下的頭髮也按照輔助線畫出波浪形
狀的線條。

6

填滿顏色後，再稍微修整，並畫出右
側耳朵。

7

新增【圖層】，畫出眼睛、鼻子、嘴巴和耳朵，讓人物的臉面向右邊。

8

新增【圖層】，畫出頭髮上的髮夾，增添亮點。

9

新增【圖層】，按照輔助線畫出上衣。左手臂會被手風琴擋住，所以只要連起來就好。

10

新增【圖層】，用比臉蛋深一點的顏色，在脖子處畫出圓領。

11

新增【圖層】，用兩個圓角矩形畫出手風琴。

12

新增【圖層】，用亮灰色把這兩個圓角矩形連接。

13

新增【圖層】，用深一點的灰色畫出手風琴的皺褶。

14

新增【圖層】，用白色畫出手風琴的鍵盤。

15

新增【圖層】，畫出手風琴鍵盤的黑色琴鍵。

16

新增【圖層】，畫出正在彈奏的兩側手臂。

17

填滿顏色後，再稍微修整。若對位置不滿意，可以用【移動】工具調整角度或位置。

18

新增【圖層】，畫出褲子。

19

填滿顏色後，再稍微修整。

20

新增【圖層】，用人物的膚色在膝蓋
處畫出圓形。

21

接著用褲子的顏色畫上兩條線，這樣
就完成破洞牛仔褲。

22

新增【圖層】，畫出雙腳。

23

新增【圖層】，畫出涼鞋。

24

選取所有圖層，組成群組。

25

畫出三個不同大小的圓形。

26

新增【圖層】，按照輔助線用黑色畫出封閉曲線。

27

新增【圖層】，內部用深灰色填滿。

28

新增【圖層】，在下方畫出一個修長的圓角矩形，作為吉他箱下半部。

29

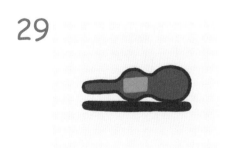

新增【圖層】，畫出橘色的貼紙。

30

在旁邊寫出「PEACE」字樣。

31

使用【移動】工具調整大小和位置，
移至橘色貼紙中。

32

以相同方法再畫一張藍色小魚貼紙，
吉他箱即完成。選取所有圖層，組成
群組。

33

將吉他箱移至手風琴演奏家的身旁，
手風琴演奏家即完成。

3. 畫出背景與文字

1

把在不同畫布上的圖案都集結到同一個畫布上。複製性格音樂家的圖層群組後合併，再透過【拷貝】和【貼上】移至手風琴演奏家的畫布上。

2

用灰色畫出地板。

3

把透明度調至15%，表現淺色地板。

4

手指長按地板，吸取地板顏色。

5

用吸取的顏色畫出磚塊。畫出一個方塊後，利用【複製】功能，就能輕鬆畫出多塊磚頭。

6

新增【圖層】，畫出窗戶。

7

依序點選【操作】>【添加】>【添加文字】。

8

輸入需要的文字。

9

可以使用 iPad 內建的基本字體，也可以下載免費字體。請用瀏覽器開啟 www.dafont.com 網站。

10

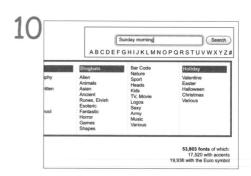

於右上角搜尋欄輸入「sunday morning」關鍵詞。

11

找出喜歡的字體，點選「Download」下載字體。

12

點選右上角的箭頭，就可以確認是否下載完成。

13

下載的檔案可於【iCloud 雲端】>
【下載項目】中查看。點選下載的壓
縮檔時會自動解壓縮。

14

回到 Procreate 程式，點選右側的
【Aa】，切換到設置字體種類、尺
寸等畫面。

15

點選【匯入字體】。

16

匯入下載的字體。點選【下載項目】
資料夾，並點選已解壓縮的字體。

17

輸入「STREET BUSKERS」字樣。
若要改變文字顏色，可以從調色板中
選色。

18

新增【圖層】，畫出音符，增添亮
點，這幅「歐洲的街頭藝人」畫作即
完成。

Lesson05 與森林夥伴的旅行

畫出狐狸、熊、刺蝟等可愛的動物朋友，
幻想跟牠們一起在森林裡快樂的露營。
背景除了樹木之外，也加入了一些 Q 萌的小亮點！

尺寸 200mm×260mm

解析度 300dpi

（若圖層數不夠，可以在不同畫布上作畫，最後合併。）

1. 構圖草稿

1

在畫布上方畫出四棵樹木。

2

在樹木下方畫出人物、熊、刺蝟。人物是坐著的樣子，刺蝟和熊則要呈現側面的樣子。

3

畫一隻藏在樹木後方的狐狸。

4

在右邊畫出三角形的帳篷、帳篷左側的原木以及帳篷下方的手提燈。

2. 森林少年

色卡：21 10 29 17 26 30 28

1

把草稿圖層的透明度調低，接著新增【圖層】，畫出臉蛋。

2

新增【圖層】，畫出眼睛、鼻子、嘴巴和頭髮。因為這幅圖需要許多圖層，所以會儘量把不重疊的圖案畫在同一圖層，以節省圖層數。如果還是不夠，也可以把圖層合併。

3

新增【圖層】，畫出紅色帽子。

4

新增【圖層】於臉蛋圖層下方，畫出上衣並讓右手臂和身體重疊。

5

填滿顏色後，再稍微修整，並在脖子處畫出帽 T 的帽子部分。

6

新增【圖層】，用比上衣深一點的顏色，畫出帽 T 的細節和重疊的手臂線條。

7

新增【圖層】，畫出雙手。

8

新增【圖層】於手部圖層下方，用褐色畫出木籤後，再畫出兩條香腸。

9

新增【圖層】於帽 T 圖層下方，按照草稿骨架畫出褲子。

10

填滿顏色後，再稍微修整。

11

新增【圖層】，畫出雙腳。

12

新增【圖層】於褲子圖層下方，畫出少年坐著的原木。選取所有圖層，組成群組。

3. 刺蝟

色卡：24 27 28 09 20

1

新增【圖層】，用紅褐色畫出刺蝟的背部。

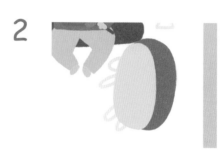

2

新增【圖層】，用淺黃色畫出刺蝟的側面。

3

畫出吻部和耳朵。

4

畫出刺蝟的四肢。

5

新增【圖層】，用深一點的黃色，在耳朵和重疊的手臂上，添加線條。

6

新增【圖層】，用淺黑色畫出眼睛、鼻子和嘴巴。

7

新增【圖層】，用褐色畫出刺蝟背部
的刺。

8

新增【圖層】，畫出刺蝟手上的烤棉
花糖串。選取刺蝟的所有圖層，組成
群組。

4. 熊

色卡： 09 18 10

1

新增【圖層】，按照草稿畫出大熊的側面。

2

填滿顏色後，再稍微修整，也畫出尾巴和耳朵。

3

新增【圖層】於身體圖層下方，用比大熊深一點的顏色，畫出疊在後方的手臂。

4

新增【圖層】於身體圖層上方，用亮灰色畫出大熊的吻部。

5

新增【圖層】，用黑色畫出眼睛、鼻子和嘴巴。

6

新增【圖層】，用比大熊深一點的顏色，在耳朵和重疊的腿部加上線條。選取大熊的所有圖層，組成群組。

5. 營火

色卡： 12 02 29 26

1

新增【圖層】，畫出多根斜著的長四角形。因為營火形狀單純，所以就不另打草稿。

2

新增【圖層】，用黃色畫出大火焰。

3

新增【圖層】，用橘色畫出中火焰。

4

新增【圖層】，用紅色畫出小火焰。選取營火的所有圖層，組成群組。

6. 背景樹木

色卡： 28 05

1

參考草稿的樹木位置，用褐色畫出樹木。可以先畫長四角形，再畫出方向朝下的樹枝。

2

用比木頭深一點的顏色，在樹幹上添加有長有短的紋路。

3

新增【圖層】，以樹枝為中心，用倒「V」字形畫出樹葉。

4

用深一點的綠色，再畫上更小的葉片，讓樹葉看起來更豐富。選取樹木的所有圖層，組成群組。

7. 狐狸

色卡： 01　23　10

1

新增【圖層】於樹木圖層下方，按照草稿畫出狐狸。尾巴畫得圓圓的，耳朵和吻部則畫得尖尖的。

2

填滿顏色後，再稍微修整。

3

新增【圖層】，在尾巴加上細節，並從吻部到前腳畫一個大圓。

4

點選此圖層，套用【剪切遮罩】，象牙白色的圓形就放進了橘色的狐狸身體中。

5

新增【圖層】，用黑色畫出眼睛、鼻子、嘴巴和尾巴末端。選取狐狸的所有圖層，組成群組。

291

8. 帳篷和木柴

色卡：

1

新增【圖層】於少年圖層下方，用黃色畫出帳篷。

2

用深黃色畫出三角形。

3

再用比深黃色淺一點的黃色，畫出兩側內凹的三角形，表現帳篷內部。

4

新增【圖層】，用黑色畫出尖角，並在兩側端點畫出帳篷的固定釘。

5

新增【圖層】，用褐色畫出帳篷後方的木柴。

6

填滿顏色後，再稍微修整。

7

新增【圖層】，用紅褐色在木頭側面
畫出圓形，再用褐色畫出小圓，也加
入線條表現樹紋。選取帳篷和木柴的
所有圖層，組成群組。

9. 露營燈

色卡： 16 18 10 12

1

新增【圖層】，用天藍色畫出長橢圓形狀。

2

新增【圖層】，用黃色畫出燈芯。

3

用藍色畫出手提燈的形狀，並用黑色畫出手柄。選取手提燈的所有圖層，組成群組。

10. 草地和彩旗

1

將背景顏色更換成灰色，這樣狐狸吻
部、刺蝟手中的棉花糖等淺色圖案都
會變得明顯。

2

新增【圖層】，畫出綠色草皮。

3

新增【圖層】，用深灰色畫出弧線，
把兩側的樹木連接。

4

新增【圖層】於弧線下方，畫出一排
不同顏色的三角形。這幅「與森林夥
伴的旅行」即完成。

Chapter 7

/

將畫好的圖片
做更多應用

SUN	MON	THE	WED	THU	FRI	SAT
			1	2	3	4
5	6	7	8	9	10	11
12	13	14	15	16	17	18
19	20	21	22	23	24	25
26	27	28	29	30	31	

電繪可以輕鬆製作各種實用小物，

不僅是實物周邊，還能藉由動畫製作動態貼圖，

看見自創的圖畫製作成小物，會是另一種特別的感動。

把桌布、明信片、帆布袋分享給周遭的人吧！

會感受到更加倍的快樂。

製作手機背景圖片

在製作背景圖片之前，必須先知道手機的背景畫面尺寸。只要在 Google 上搜尋「【手機型號】解析度」，就可以知道了。例如，我的手機型號是 iPhone12，所以搜尋「iPhone12 解析度」，就能輕而易舉找到答案。還有一個更簡單的方法，就是把手機背景畫面截圖後，再匯入 iPad、用 Procreate 開啟截圖。

● **螢幕截圖功能**

iPhone 電源鍵＋音量上鍵／電源鍵＋Home 鍵

Android 電源鍵＋音量下鍵……等

如果是用 iPhone 手機，就能輕鬆透過 AirDrop 把截圖傳輸到 iPad；如果是使用 Android 手機，則可以使用電腦版 Line 或電子信箱來傳輸。

1. 將手機的背景畫面截圖後，發送至 iPad 相簿。

2. 開啟 Procreate，點擊
【照片】，把手機背
景截圖匯入。

3. 完成的畫作以 png 檔
匯出並儲存至相簿。
回到匯入截圖的畫
布，把存成 png 檔的
畫作匯入並調整位
置，盡量不要擋到上
方時間和下方按鈕。

4. 新增【圖層】，使用
跟畫作背景相同的顏
色，塗滿畫布，也畫
上白色雪球，讓圖片
更加連貫和完整。

5. 手機背景畫面即完
成，再將此圖像存
檔、傳送至手機，並
設為背景畫面。

製作印刷品

比起透過螢幕看到畫作，當作品被印在紙上時會更感到自豪。如果製作成印刷品，可以做出多元運用，而且一個作品要印多少份都可以，很適合當禮物贈送，像是製作貼紙、製作日曆等。在把作品製作成印刷品之前，必須先了解幾個須知事項。

從 RGB 改成 CMYK

新增畫布時，除了設定尺寸以外，還可以設定顏色配置。RGB 是數位螢幕畫面看到的顏色，如果要做成印刷品，就要改成 CMYK。建立畫布後，便無法更改顏色配置，所以在新增畫布時，就要進行設定。事實上，若使用 RGB，印出來並不會差太多，頂多是顏色顯得較渾濁，不過為了準確呈現顏色，建議還是設定成 CMYK。

單位要是 mm，尺寸要預留空間

製作印刷品時，編排尺寸需要比實際尺寸大，各邊都要追加 1mm～2mm。例如，在製作尺寸為 100mm×150mm 的明信片時，要在四邊各追加 2mm，也就是要設定 104mm×154mm 的畫布（出血尺寸）。

製作貼紙也是一樣，編排尺寸要比實際尺寸稍微大一點。例如，製作 20mm 的圓形貼紙，就需要再多 2mm，才能把圖案完整地列印輸出。簡單來說，畫布尺寸都要設定比實際尺寸更大 1mm～2mm，預留出一定空間。

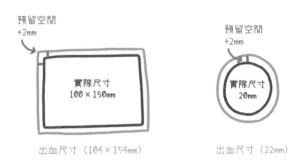

預留空間
+2mm

實際尺寸
100×150mm

出血尺寸（104×154mm）

預留空間
+2mm

實際尺寸
20mm

出血尺寸（22mm）

一般在製作貼紙時，裁切痕跡並不會精準地對齊置中，因此必須要預留一些空間，圖畫才會漂亮地被放進貼紙裡。如圖所示，這是在製作貼紙的過程中，裁切偏移的狀態，這便是我們要預留空間的原因。

選擇紙張的材質和厚度

當把檔案交給印刷廠時，會需要選擇紙張的材質和厚度。CP 值最高的紙張是雪銅紙或銅版紙，而高級印刷紙的 Rendezvous 紙、Vent Nouveau 紙，不僅紙張材質佳，在印刷顏色的表現上也相當優秀。

「g」指的是紙張重量，一般 A4 紙張重量大約在 80g～90g。如果紙張重量是 160g～250g，那就是有厚度的紙張。有些印刷廠會提供紙張範例，可以直接以他們提供的紙張來挑選。

1. 製作貼紙

試著把 Chapter 2 的「Gogo Camping」圖案製作成貼紙吧！因為圖案很單純，所以可以按照畫出來的樣子裁切成貼紙。為了能按照圖上的形狀裁切出貼紙，必須先將背景設為透明，並把各個圖案區隔。

1. 打開在 Chapter 2 的「Gogo Camping」檔案。

2. 關閉背景顏色圖層後，背景顏色會消失，並出現灰色方格圖案。

3. 刪除露營圖的背景，只留下貼紙的圖案，圖示就是沒有背景時所呈現的樣子，圖案邊緣的粉紅色線是切割線。請用 png、pdf 或 psd 的格式儲存，才能存成透明狀態的圖，再向廠商上傳圖片，就可以輕鬆製作貼紙。

tip 除此之外，還可以製作圓形、四角形、三角形等各種形狀的貼紙，只要規格吻合，在家裡也能輕鬆製作貼紙。

2. 製作明信片、海報

在印製明信片和海報時，如果畫作的背景是白色，那麼大可放心地委託製作，但如果畫作有背景顏色，那麼就會需要製作出血尺寸，也就是在實際尺寸再加上 1mm～2mm。

出血尺寸 150mm×102mm
實際尺寸 148mm×100mm

以下示範用既有的圖畫，以 148mm×100mm 明信片規格輸出。

> 不直接在原圖上製作輔助方塊的原因是，在調整方塊尺寸時單位不能選擇 mm。

1. 製作一個 148mm×100mm 明信片規格的輔助方塊，以供縮小原圖尺寸時參考。

2. 用任一顏色填滿畫布，製作出同畫布大小的圖層。

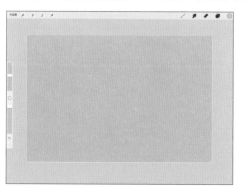

3.【拷貝】此圖層後，到要印刷的「街頭藝人」畫作的畫布中貼上。

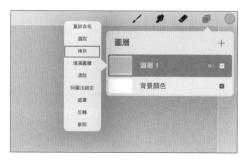

4. 調整尺寸前，先複製街頭藝人的畫作來保留原圖。在複製的副本圖案中貼上步驟 3 拷貝的圖層，街頭藝人的畫作尺寸為 280mm×210mm，所以會發現方塊小很多。把方塊透明度調低，讓圖案顯得更清楚，此 148mm×100mm 的方塊就是欲印刷的實際尺寸。

5. 將街頭藝人畫作的所有圖案合併，並讓圖案進入 148mm×100mm 的方塊，縮小至比方塊稍微大一點即可。我有把畫作的文字移除，供大家參考。

6. 點擊【操作】>【裁切與重新調整大小】，並點選右上角的【設置】。改為 150mm×102mm 的出血尺寸，並且讓圖案對齊中間處。

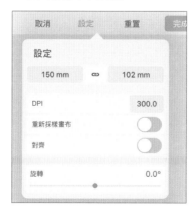

7. 開啟【對齊】，如果有出現輔助線，就表示那是正中央。

8. 確認圖案是否都在方塊、實際尺寸的範圍內。確認完畢
　 後，關閉方塊圖層，並把圖匯出後即可委託印刷。

海報尺寸一般從最小的 A4～A3 開始，若有想要印製的
海報大小時，都可以用上述方法製作。

3. 製作個人名片

一般名片規格是 90mm×50mm。如果是帶有背景顏色的名片，就要先預留空間，也就是將出血尺寸定為 94mm×54mm。接下來就以自創角色製作名片。

1. 建立名片尺寸的畫布，依照喜好的方向設定寬度和高度。

2. 使用先前完成的人物圖案，也可以另畫全新的圖案。這裡我先放上有下半身的一個人物。

3. 如果只有簡單的上半身也很可愛！完成人物肖像後，把完成的圖案組成群組，並且關閉、暫時不顯示（此處是名片正面）。

4. 新增【圖層】，寫上名字。如果不清楚文字的大小，利用
　 兩根手指將畫面縮小後，把實體名片放在旁邊做比對（此
　 處是名片背面）。

5. 下方處則用較小的文字寫上聯絡資訊。可以先用與名字相
　 同大小的字寫出後，再調整尺寸。

這樣名片就完成了，很簡單吧！在呈現名片背面文字的
狀態下，匯出並儲存，再把文字圖層關閉，顯示出名片
正面的人物圖像，也匯出並儲存，接著就可以委託廠商
進行印刷了。

4. 製作專屬月曆

其實要親自製作月曆一點也不難,請按照以下步驟跟著一起做做看吧!

1. 設定想要的月曆尺寸,並匯入喜歡的圖案。

2. 先在上方寫出星期。為了寫字時不會越寫越歪,畫出長方形輔助圖形。

3. 把長方形圖層的透明度調低,接著新增【圖層】,寫上星期。

4. 刪除長方形輔助圖形後,適當地調整尺寸和位置。

5. 接下來要寫出日期。新增【圖層】，為了端正地寫上日期，這次畫出縱向長方形的輔助圖形。

6. 新增【圖層】，以縱向寫出日期，每往下一行就加七天。以縱向寫出日期，在製作其他月份時，就不用再逐項填入數字。

7. 把寫好數字的圖層先挪到旁邊，再次新增【圖層】寫上數字，這次要從 2 開始寫，也是每往下一行都加七天。

8. 一樣將寫好的日期先挪到旁邊。

9. 每排的日期都要新增【圖層】來寫數字。

10. 把星期日的日期,使用紅色筆刷再重寫一遍。

11. 最後寫下月份,這樣 7 月月曆即完成。

12. 完成一份月曆後,要製作其他月份的月曆就容易多了!只要把圖案換掉,並重新配置數字圖層。如果那個月的最後一天不是 31 號,再把數字擦掉即可。

13. 接著把星期日的日期換
    成紅色。

14. 最後寫上「12 月」，12
    月的月曆即完成。只需
    要移動數字圖層，就可
    以輕鬆製作出十二個月
    的月曆！

製作周邊小物

自己的圖畫也能拿來製作簡單的周邊小物！最近也陸續出現許多會接少量製作訂單的廠商，所以可以試著製作一些常用的東西或物件。

1. 製作小圓鏡

要製作小圓鏡就必須要畫出正圓形，但 Procreate 上只有畫出橢圓的功能，所以在這裡一起來了解如何畫出正圓形的方法吧！

1. 建立一個長度和寬度都相同的畫布，在此設定200mm×200mm。

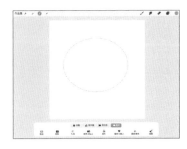

2. 在【套索】工具上點擊【橢圓】，就能畫出如圖所示的橢圓形。若把手放開，當前選擇的顏色就會填滿這個橢圓形。

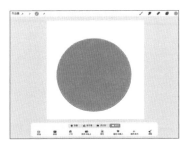

3. 先用眼睛大概目測，畫一個差不多的正圓形。

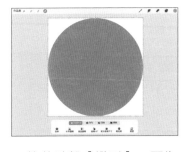

4. 接著點擊【變形】，因為畫布是正方形，所以就依照畫布大小拖移四個邊而形成正圓形。此時模式要是【自由形式】，才能調整圓的比例，並在方框內形成正圓。

313

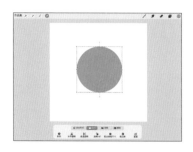

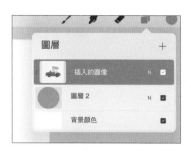

5. 在正方形畫布內弄出一個貼合的圓形後，從【自由形式】改回【均勻】，並把圓形縮小。

6. 匯入要製作小圓鏡的圖畫，點選圖畫圖層並套用【剪切遮罩】，把圖案放進圓形裡。

7. 把圖案調整到適當位置，想像鏡子製作出來的實體和大小。

8. 【拷貝】最下方的圓形圖層，並將之移至圖案上方和套用【剪切遮罩】，圖層順序如圖所示。接著把最上方的圓形圖層透明度調低，當成裁切輔助線。

這幅圖畫有背景顏色，所以像製作印刷品一樣需要預留空間。實際上，把圖檔上傳時，廠商也會提醒要預留空間，但不一定每家廠商都會提醒，所以自己要另外注意！

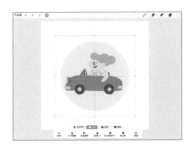 

9. 放大位於圖層最下方的圓形，注意要對齊中間。

10. 關閉最上方的圓形圖層，這樣就成功預留空間，完成了製作小圓鏡需要的圖檔。

2. 製作環保袋

在製作像環保袋、化妝包、布掛畫這類布料印刷時,建議背景都要是透明或白色。因為只要背景有顏色,無論再怎麼淺,也都會原封不動地被印製出來。

尤其環保袋的尺寸會比較大,所以製作重點就是要避免圖像解析度太差。在確認想要訂購的環保袋實際尺寸後,請儘量製作出差不多大小的圖檔。

1. 參考一般環保袋印製範圍的尺寸,來確定建立的畫布尺寸。如果廠商沒有提供印製範圍資料,可以參考環保袋的實際尺寸。

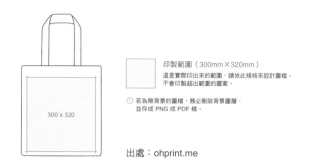

2. 參考環保袋尺寸,建立新畫布。解析度設為 300dpi,顏色配置為 CMYK。

3. 畫好圖案後上傳到網站，並調整尺寸和位置。

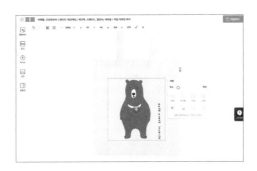

用自己畫出的圖案成功製作了一個漂亮的環保袋！

3. 製作光敏印章

用電繪也可以製作出專屬印章！可以蓋在手帳做裝飾，也可以取代名片，作為自己的標誌。光敏印章本身就會出墨水，不需要額外準備印泥，而且是以雷射方式製作，所以能製作得十分精細。不過需要留意一件事，就是如果字太小，可能會因墨水關係而讓字糊成一團。

1. 首先設定印章尺寸，建議參考合作廠商提供的尺寸。我打算製作能取代名片的印章，所以設定為 35mm×70mm。

2. 建立畫布後，用黑色畫出印章的圖案。除了手繪圖案以外，也可以輸入文字並套用字體。

3. 依照廠商要求的圖檔規格以 png、pdf 等格式上傳。之前去歐洲旅行時，我都蓋這個印章送給每個遇到的人。

製作動態貼圖 —— 讓圖案變成動畫

可以試看看用 Procreate 製作出簡單的動畫。如果成功用自己畫出來的圖案製作出動畫，那麼就可以把它做成貼圖使用。下方表格是常用平台的貼圖製作規格。

• **各平台貼圖／表情貼的規格指南**

名稱	尺寸	解析度／ 色彩模式	大小限制	數量
Kakao 靜態貼圖	360×360px	72dpi / RGB	每張 150kb 以下	PNG 32 張（透明背景）
Kakao 動態貼圖	360×360px	72dpi / RGB	每張 2mb 以下	PNG 21 張（透明背景）、 GIF 3 張（白色背景、 不超過每秒 24 個影格）
NAVER 表情貼	主要圖像：240×240px 貼圖圖像：740×640px 聊天室標籤圖像: 96×74px	72dpi / RGB	每張 1mb 以下	貼圖圖像 24 張 （透明背景）
NAVER 動態表情貼	主要圖像：240×240px 貼圖圖像：740×640px 聊天室標籤圖像：96×74px	72dpi / RGB	每張 1mb 以下 影格數：每張 100 以下 （最長 3 秒）	貼圖圖像 24 張 （透明背景）
LINE 靜態貼圖	370×320px 以內	72dpi / RGB	每張 1mb 以下	8 張、16 張、 24 張、32 張、40 張
LINE 動態貼圖	320×270px 以內	RGB	每張 300kb 以下	PNG 8 張、16 張、24 張
LINE 表情貼	180×180px	72dpi / RGB	每張 1mb 以下	8～40 張

（原書僅提供韓國常用聊天平台的貼圖規格，另在下方新增 LINE 的貼圖規格，關於更詳細的製作準則請至官方網站查詢。）

1. 畫一個圓，再畫上眉毛、眼睛、鼻子和嘴巴。

2. 新增【圖層】，畫出人物的頭髮。

3. 選取以上兩個圖層，組成群組。

4. 從【操作】>【畫布】>啟動【動畫輔助】，這時螢幕下方會出現動畫輔助視窗。因為現在只有一個群組，所以在輔助視窗上只會看到一個小影格。

5. 點選一個影格，並點擊【複製】。

6. 這時可以看到多了一個相同的群組。由於畫布中疊了兩個群組，所以看起來會稍微模糊，接下來修改新生成的第二組圖，讓圖案動起來。

7. 在新生成的第二個組群中，選取臉蛋圖層，用橡皮擦把嘴巴清除。這時可以看到嘴巴顏色比眼睛和鼻子更淺，此時看見的嘴巴是第一個群組的嘴巴。

8. 在清除嘴巴後，在同一位置畫出不同型態的嘴巴，我畫了一個張開的嘴型。

9. 眼睛和鼻子位置也稍微更動，可以使用【選取】工具選取眼睛和鼻子。

10. 接著使用【移動】工具把位置往上拉動。跟前面一樣，會隱約看到第一個群組的眼睛和鼻子。

11. 點擊動畫輔助視窗左側的【播放】鍵，可以看到兩組圖以極快速度來回移動。

12. 由於速度太快，所以要追加影格。點選第一組圖的縮圖，將【定格時長】改為 5，可以看到後面新增五個影格。

13. 接著點選第二組圖的影格,將【定格時長】改為 5。點擊【播放】,便能確認到圖案比剛才移動得慢一些。

14. 接下來更動第二組圖的頭髮位置。在【自由形式】狀態下,把頭髮整體形狀改為扁平狀。

15. 現在只有第一組圖和第二組圖交叉顯示,如果在中間再加一張圖,動畫就會更連續而顯得自然。點選第二組影格後點擊【複製】。

16. 在原有的兩個群組中間,又生成另一個群組。

17. 在新生成的群組中更動眼睛、鼻子和嘴巴的位置,尤其是眼睛和鼻子的位置,要落在原有的第一組圖和第二組圖的中間。

18. 想像嘴巴形狀,請注意嘴巴的大小也要落在原有的第一組圖和第二組圖的中間。

19. 最後也把新生成群組的
    影格【**定格時長**】改為
    5。

開始　　　　　　　中間　　　　　　　結束

如果按照順序排好圖案，就會如上圖所示。先畫出開始和
結束的圖，接著在這兩個圖之間新增移動瞬間的中間圖。

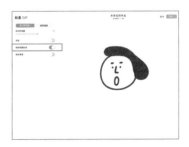

20. 以【**動畫 GIF**】格式匯
    出並儲存。

21. 記得打開【**每影格調色
    板**】後再匯出。

tip 檔案備份

當作品集裡的檔案越來越多時，會導致 iPad 容量不足，為了以防萬一，會把檔案另外做備份。輸出成 Procreate 格式便可以保存原檔，日後若要對畫作進行修改、編輯、縮時設定等，才可以方便進行調整。以下是我經常使用的兩種備份方式。

①備份到外部雲端

【Google 雲端】

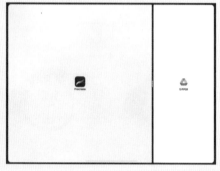

1. 啟動 Procreate 後，使用分割顯示，
   另開啟 Google 雲端。

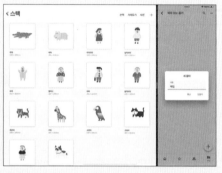

2. 在 Google 雲端新建資料夾，將會
   把檔案備份到此資料夾中。

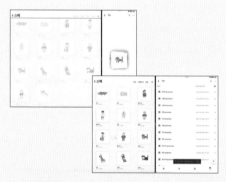

3. 選擇要備份的檔案，使用【拖放】功能，從 Procreate 拖移至 Google 雲端，便完成備份。

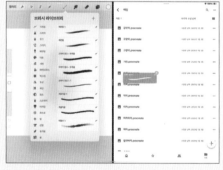

4. 筆刷也可以用相同方法儲存。

如果要匯入，就從 Google 雲端拖移至 Procreate，反過來做【拖放】。

②備份到電腦

【mac OS】

1. 選取要備份的所有檔案,選擇【分享】>【Procreate】。

2. 點擊【儲存到檔案】來存檔。

3. 路徑請選【我的 iPad】>【Procreate】。

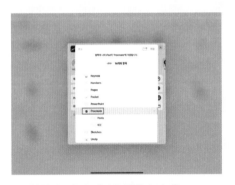

4. 在此處建立【新增檔案夾】。

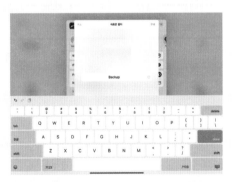

5. 我把檔案夾命名為「Backup」。進入檔案夾後,點擊【儲存】。

6. 檔案移至電腦時,電腦和 iPad 用傳輸線連接,再把「Backup」檔案夾匯入電腦。iPad 和 Mac 必須更新至最新版本。

如果要備份至 Windows 電腦，操作至步驟 5 後，接著要透過 iTunes 把檔案匯入電腦。

台灣廣廈 國際出版集團
Taiwan Mansion International Group

國家圖書館出版品預行編目（CIP）資料

Q萌電繪！用iPad畫出生動角色：Procreate插畫家的圓形×三角形×
四方形構圖法，隨手創作可愛細膩的人物、動物、場景 / 韓承賢作；
林大懇譯. -- 初版. -- 新北市：紙印良品出版社，2024.04
328面；19×26公分.
ISBN 978-986-06367-7-2(平裝)
1.CST: 電腦繪圖 2.CST: 繪畫技法

312.86   113001074

紙印良品

Q萌電繪！用iPad畫出生動角色

Procreate插畫家的圓形×三角形×四方形構圖法，隨手創作可愛細膩的
人物、動物、場景【附獨家素材】

作　　者／韓承賢　　　　　　　編輯中心執行副總編／蔡沐晨・**本書編輯**／陳虹妏
譯　　者／林大懇　　　　　　　封面設計／曾詩涵・**內頁排版**／菩薩蠻數位文化有限公司
　　　　　　　　　　　　　　　製版・印刷・裝訂／東豪・弼聖・秉成

行企研發中心總監／陳冠蒨　　　線上學習中心總監／陳冠蒨
媒體公關組／陳柔彣　　　　　　產品企製組／顏佑婷、江季珊、張哲剛
綜合業務組／何欣穎

發　行　人／江媛珍
法 律 顧 問／第一國際法律事務所 余淑杏律師・北辰著作權事務所 蕭雄淋律師
出　　　版／紙印良品
發　　　行／台灣廣廈有聲圖書有限公司
　　　　　　地址：新北市235中和區中山路二段359巷7號2樓
　　　　　　電話：（886）2-2225-5777・傳真：（886）2-2225-8052

代理印務・全球總經銷／知遠文化事業有限公司
　　　　　　地址：新北市222深坑區北深路三段155巷25號5樓
　　　　　　電話：（886）2-2664-8800・傳真：（886）2-2664-8801
郵 政 劃 撥／劃撥帳號：18836722
　　　　　　劃撥戶名：知遠文化事業有限公司（※單次購書金額未達1000元，請另付70元郵資。）

■ 出版日期：2024年04月　　　　ISBN：978-986-06367-7-2
　　　　　　　　　　　　　　　版權所有，未經同意不得重製、轉載、翻印。